普通高等教育“十三五”规划教材

数控加工实训

赵连花　葛晓阳　王静巍　主编

中国石化出版社

内容提要

本书是在高等院校转型发展的前提下，为适应应用型本科教学而编写，对广州数控系统GSK980MD数控铣床和GSK980Tda数控车床的所有主要功能作了全面介绍。广州数控研制的新一代普及型产品，采用了32位高性能CPU和超大规模可编程器件FPGA，运用实时多任务控制技术和硬件插补技术，实现微米级精度运动控制和PLC逻辑控制，支持CNC与CNC、PC双向通讯，支持CNC软件和PLC程序，可通讯升级，以满足数控加工实训的需求。

本书可作为应用型本科院校机械类专业实训教材，也可供高职机械类专业师生使用，还可作为机械类工程技术人员参考用书以及企业培训教材。

图书在版编目(CIP)数据

数控加工实训／赵连花，葛晓阳，王静巍主编．—北京：中国石化出版社，2016.9(2025.2重印)
普通高等教育“十三五”规划教材
ISBN 978-7-5114-4302-1

Ⅰ.①数…　Ⅱ.①赵…②葛…③王…　Ⅲ.①数控机床-加工-高等学校-教材　Ⅳ.①TG659

中国版本图书馆CIP数据核字(2016)第237833号

中国石化出版社出版发行
地址:北京市东城区安定门外大街58号
邮编:100011　电话:(010)57512500
发行部电话:(010)57512575
http://www.sinopec-press.com
E-mail:press@sinopec.com
北京科信印刷有限公司印刷
全国各地新华书店经销

*

787毫米×1092毫米 16开本 8印张 177千字
2016年10月第1版　2025年2月第3次印刷
定价:18.00元

前　言

高等教育要面向社会需求，服务地方经济社会发展，培养应用型、技术技能型人才，增强就业创业能力，突出岗位工作能力的培养。为此教材注重实践能力和创新能力的培养和提高，注重学生专业综合素质的锻炼和培养，从而增强学生为行业企业服务的能力。工程实训则是学生理论与实践相结合的有效途径，既可以提高工程实践能力，将来又能更好地为社会经济发展服务，同时也为发挥学生的才能创造了有利的条件。

《数控加工实训》是根据本专业教学改革及普通本科高校向应用技术型高校转型的需要以及提高本专业学生操作技能和职业素质的培养需要而编写的，是有关数控车床和数控铣床编程和加工操作的实训教材。本书以目前新型的广州数控系统的编程和加工操作为核心内容，对数控车床和数控铣床所有功能作了全面的介绍，突出实用性和可操作性。内容由浅入深，理论联系实际，并结合了主编教师的实际加工经验。以企业当前加工的零件作为典型实例，增强了教材的实用性和需求性。

本书包括两部分内容。第一部分：主要介绍数控车床的类型、典型结构和部件，使读者熟悉数控车床的机械结构、编程和加工操作方法。第二部分：主要介绍数控铣床的类型、典型结构和部件，使读者熟悉数控铣床的机械结构、编程和加工操作方法。通过对典型实例的学习和训练，使读者能够更好地掌握数控机床的编程和加工操作方法。

参加本书编写的有：沈阳工业大学赵连花(第 3 章)、葛晓阳(第 1 章、第 4 章、第 5 章、第 6 章　6.1 ~ 6.4)、王静巍(第 2 章、第 6 章　6.5 ~ 6.10)，全书由赵连花统稿并审校。此外，对出版本书给予大力支持和帮助的专家和老师，在此表示感谢。在编写过程中，参考和引用了相关资料的一些内容，均在书后列出，在此对文献作者表示衷心的感谢。

由于编者的水平和经验有限，书中难免有不妥之处，恳请读者批评指正。

目　录

第1章　数控铣床编程基础

1.1　GSK980MD 简介

广州数控研制的新一代普及型铣床 CNC GSK980MD 是 GSK980MC 的升级产品，采用了 32 位高性能 CPU 和超大规模可编程器件 FPGA，运用实时多任务控制技术和硬件插补技术，实现 MM 级精度运动控制和 PLC 逻辑控制。GSK980MD 系统控制面板如图 1-1 所示。

图 1-1　GSK980MD 系统控制面板

产品技术特点：

(1) *X*、*Y*、*Z* 三轴控制，*X*、*Y*、*Z* 三轴联动，0.001mm 插补精度，最高速度 30m/min；

(2) 最小指令单位 0.001mm，指令电子齿轮比(1 ~ 32767)/(1 ~ 32767)；

(3) 内置式 PLC，可实现各种自动刀架和主轴自动换挡等控制，梯形图可编辑和上传等；

(4)具有 DNC 功能;

(5)具有螺距误差补偿、反向间隙补偿、刀具长度补偿、刀尖半径补偿功能;

(6)采用直线型、指数型加减速控制，适应高速、高精加工;

(7)具有圆凹槽、矩形凹槽粗铣、全圆、矩形内外精铣功能;

(8)具有攻丝功能;

(9)具有自动倒角功能;

(10)具有刀具寿命管理功能;

(11)具有公英制转换功能;

(12)零件程序全屏幕编辑，可存储 22MB 程序;

(13)具有参数备份功能、数据通讯功能;

(14)集成多语种显示界面，由参数选择;

(15)具有提供多级操作密码功能，方便设备管理;

(16)支持 CNC 与 CNC、PC 双向通讯，CNC 软件、PLC 程序可通讯升级。G 指令如表 1-1 所示。

表 1-1　G 指令

G 指令	指令功能	G 指令	指令功能
G00	定位(快速 移动)	G81	钻孔循环(点钻循环)
* G01	直线插补(切削进给)	G82	钻孔循环(镗阶梯孔循环)
G02	顺时针圆弧/螺旋线插补	G83	深孔钻循环
G03	逆时针圆弧/螺旋线插补	G84	攻丝循环
G04	暂停、准停	G85	镗孔循环
G10	偏移值设定	G86	钻孔循环
* G17	*XY* 平面选择	G88	镗孔循环
G18	*ZX* 平面选择	G89	镗孔循环
G19	*YZ* 平面选择	* G90	绝对值编程
G20	英制输入	G91	增量值编程
G21	公制输入	G92	坐标系设定
G28	返回参考点	G94	每分钟进给
G29	从参考点返回	G95	每转进给
G30	从参考点返回(第 2、3、4 参考点)	G98	固定循环中返回初始平面
G31	跳转功能	G99	固定循环中返回 *R* 点平面
* G40	刀具半径补偿注销	G110	逆时针圆凹槽内粗铣
G41	左侧刀具半径补偿	G111	顺时针圆凹槽内粗铣
G42	右侧刀具半径补偿	G112	逆时针全圆内精铣

续表

G 指令	指令功能	G 指令	指令功能
G43	正方向刀具长度偏移	G113	顺时针全圆内精铣
G44	负方向刀具长度偏移	G114	逆时针外圆精铣
* G49	刀具长度偏移注销	G115	顺时针外圆精铣
* G54	工件坐标系 1	G134	逆时针矩形凹槽粗铣
G55	工件坐标系 2	G135	顺时针矩形凹槽粗铣
G56	工件坐标系 3	G136	逆时针矩形凹槽内精铣
G57	工件坐标系 4	G137	顺时针矩形凹槽内精铣
G58	工件坐标系 5	G138	逆时针矩形外精铣
G59	工件坐标系 6	G139	顺时针矩形外精铣
G65	宏程序命令	G140	顺时针矩形轨迹连续打孔
G73	高速深孔循环	G141	逆时针矩形轨迹连续打孔
G74	左旋攻丝循环	G142	顺时针圆弧轨迹连续打孔
* G80	固定循环注销	G143	逆时针圆弧轨迹连续打孔

1.2 程序的运行

1.2.1 程序运行的顺序

需要在自动操作方式下才能运行当前打开的程序，GSK980MD 不能同时打开 2 个或更多程序，因此，GSK980MD 在任一时刻只能运行一个程序。打开一个程序时，光标位于第一个程序段的行首，在编辑操作方式下可以移动光标。在自动操作方式的运行停止状态，用循环启动信号(机床面板的循环启动键或外接循环启动信号)从当前光标所在的程序段启动程序的运行，通常按照程序段编写的先后顺序逐个程序段执行，直到执行了 M02 或 M30 指令，程序运行停止。光标随着程序的运行而移动。在下列情况下，程序运行顺序或状态会发生改变:

(1)程序运行时按复位键或急停按钮，程序运行终止；

(2)程序运行时产生 CNC 报警或 PLC 报警，程序运行终止；

(3)程序运行时操作方式被切换到录入、编辑操作方式，程序运行单段停(运行完当前的程序段后，程序运行暂停)，切换至自动操作方式，再按循环启动键或外接循环启动信号接通时，从当前光标所在的程序段启动程序的运行；

(4)程序运行时操作方式被切换到手动、手轮、单步、机械回零操作方式，程序运行暂停，切换至自动操作方式，再按循环启动键或外接循环启动信号接通时，程序从停止的位置继续运行；

(5)程序运行时按进给保持键或外接暂停信号断开，程序运行暂停，再按循环启动键或外接循环启动信号接通时，程序从停止的位置继续运行；

(6)单段开关打开时，每个程序段运行结束后程序运行暂停，需再按循环启动键或外接循环启动信号接通时，从下一程序段继续运行；

(7)程序段选跳开关打开，程序段前有“/”的程序段被跳过、不执行；

(8)执行 G65 跳转指令时，转到跳转目标程序段运行；

(9)执行 M98 或 M9000 ~ M9999 指令时，调用对应的子程序或宏程序运行；子程序或宏程序运行结束，执行 M99 指令时，返回主程序中调用程序段的下一程序段运行(如果 M99 指令规定了返回的目标程序段号，则转到目标程序段运行)；

(10)在主程序(该程序的运行不是因其它程序的调用而启动)中执行 M99 指令时，返回程序第一段继续运行，当前程序将反复循环运行。

1.2.2 程序段内指令的执行顺序

一个程序段中可以有 G、X、Y、Z、F、R、M、S、T 等多个指令，大部分 M、S、T 指令由 NC 解释后送给 PLC 处理，其它指令直接由 NC 处理。M98、M99、M9000 ~ M9999，以及以 r/min、m/min 为单位给定主轴转速的 S 指令也是直接由 NC 处理。

当 G 指令与 M00、M01、M02、M30 在同一个程序段中时，NC 执行完 G 指令后，才执行 M 指令，并把对应的 M 信号送给 PLC 处理。

当 G 指令与 M98、M99、M9000 ~ M9999 指令在同一个程序段中时，NC 执行完 G 指令后，才执行这些 M 指令(不送 M 信号给 PLC)。

当 G 指令与其它由 PLC 处理的 M、S、T 指令在同一个程序段中时，由 PLC 程序(梯形图)决定 M、S、T 指令与 G 指令同时执行，或者在执行完 G 指令后再执行 M、S、T 指令，有关指令的执行顺序应以机床厂家的说明书为准。

第2章　数控铣床MSTF指令

2.1　M指令

M指令由指令地址M和其后的1～2位数字或4位数字组成，用于控制程序执行的流程或输出M指令到PLC。

M　□□□□

指令值（00～99、9000～9999，前导零可省略）

指令地址

M98、M99、M9000～M9999由NC独立处理，不输出M指令给PLC。

M02、M30已由NC定义为程序结束指令，同时也输出M指令到PLC，可由PLC程序用于输入输出控制(关主轴、关冷却等)。

M98、M99、M9000～M9999作为程序调用指令，M02、M30作为程序结束指令，PLC程序不能改变上述指令意义。其它M指令的代码都输出到PLC，由PLC程序定义指令功能，请参照机床厂家的说明书。

一个程序段中只能有一个M指令，当程序段中出现两个或两个以上的M指令时，CNC出现报警。控制程序执行的流程M指令如表2-1所示。

表2-1　控制程序执行的流程M指令一览表

指令	功　能
M02	程序运行结束
M30	程序运行结束
M98	子程序调用
M99	从子程序返回；若M99用于主程序结束(即当前程序并非由其它程序调用)，程序反复执行
M9000～M9999	调用宏程序(程序号大于9000的程序)

2.1.1　程序结束M02

指令格式：M02；

指令功能：在自动方式下，执行M02指令，当前程序段的其它指令执行完成后，自动运行结束，光标停留在M02指令所在的程序段，不返回程序开头。若要再次执行程序，必须让光标返回程序开头。

除上述 NC 处理的功能外，M02 指令的功能也可由 PLC 梯形图定义。标准 PLC 梯形图定义的功能为：执行 M02 指令后，CNC 当前的输出状态保持不变。

2.1.2 程序运行结束 M30

指令格式：M30；

指令功能：在自动方式下，执行 M30 指令，当前程序段的其它指令执行完成后，自动运行结束，加工件数加 1，系统取消刀尖半径补偿，并且光标返回程序开头(是否返回程序开头由参数决定)。当 CNC 状态参数 No.005 的 Bit4 设为 0 时，光标不返回到程序开头；当 CNC 状态参数 No.005 的 Bit4 设为 1 时，程序执行完毕，光标立即返回到程序开头。

除上述 NC 处理的功能外，M30 指令的功能也可由 PLC 梯形图定义。标准 PLC 梯形图定义的功能为：执行 M30 指令后，关闭 M03 或 M04、M08 信号输出，同时输出 M05 信号。

2.1.3 标准 PLC 梯形图定义的 M 指令

除上述指令(M02、M30、M98、M99、M9000 ~ M9999)外，其它 M 指令由 PLC 定义。以下所述为标准 PLC 定义的 M 指令，GSK980MD 铣床 CNC 用于机床控制，M 指令的功能、意义、控制时序及逻辑等请以机床厂家的说明为准。标准 PLC 梯形图定义的 M 指令如表 2-2所示。

表 2-2 标准 PLC 梯形图定义的 M 指令

指 令	功 能	备 注
M00	程序暂停	
M03	主轴正转	功能互锁，状态保持
M04	主轴反转	
* M05	主轴停止	
M08	冷却液开	功能互锁，状态保持
* M09	冷却液关	
M32	润滑开	功能互锁，状态保持
* M33	润滑关	

注：标准 PLC 定义的标“ * ”的指令上电时有效。

2.1.4 程序停止 M00

指令格式：M00；

指令功能：执行 M00 指令后，程序运行停止，显示“暂停”字样，按循环启动键后，程序继续运行。

2.1.5 主轴正转 M03、反转 M04 和停止 M05

指令格式：M03；

M04；

M05；

指令功能：M03：主轴正转；

M04：主轴反转；

M05：主轴停止。

2.1.6 冷却泵控制 M08、M09

指令格式：M08；

M09；

指令功能：M08：冷却泵开；

M09：冷却泵关。

2.2 主轴功能

S 指令用于控制主轴的转速，GSK980MD 控制主轴转速的方式有两种：

主轴转速开关量控制方式：S□□(2 位数指令值)指令由 PLC 处理，PLC 输出开关量信号到机床，实现主轴转速的有级变化。

主轴转速模拟电压控制方式：S□□□□(4 位数指令值)指定主轴实际转速，NC 输出 0 ~ 10V 模拟电压信号给主轴伺服装置或变频器，实现主轴转速无级调速。

CNC 上电时，S1 ~ S4 输出无效。执行 S01、S02、S03、S04 中任意一个指令，对应的 S 信号输出有效并保持，同时取消其余 3 个 S 信号的输出。执行 S00 指令时，取消 S1 ~ S4 的输出，S1 ~ S4 同一时刻仅一个有效。

2.2.1 主轴转速模拟电压控制

当状态参数 No.001 的 Bit4 设为 1 时，主轴转速为模拟电压控制。

指令格式：S □□□□(S0000 ~ S9999，前导零可省略)

主轴转速模拟电压控制指令功能：设定主轴的转速，CNC 输出 0 ~ 10V 模拟电压控制主轴伺服或变频器，实现主轴的无级变速，S 指令值掉电不记忆，上电时置 0。

2.2.2 主轴倍率

在主轴转速模拟电压控制方式有效时，主轴的实际转速可以用主轴倍率进行修调，进行主轴倍率修调后的实际转速受主轴当前挡位最高转速的限制，在恒线速控制方式下还受最低主轴转速限制值和最高主轴转速限制值的限制。

NC 提供 8 级主轴倍率(50% ~120%，每级变化 10%)，主轴倍率实际的级数、修调方法等由 PLC 梯形图定义，使用时应以机床生产厂家说明为准。

2.3 进给功能

2.3.1 切削进给(G94/G95 F 指令)

指令格式：G94 F __；(F0001 ~ F8000，前导零可省略，给定每分进给速度，mm/min)

指令功能：以 mm/min 为单位给定切削进给速度，G94 为模态 G 指令。如果当前为 G94 模态，可以不输入 G94。

指令格式：G95 F __；(F0.0001 ~ F500，前导零可省略)

指令功能：以 mm/min 为单位给定切削进给速度，G95 为模态 G 指令。如果当前为 G95 模态，可以不输入 G95。CNC 执行 G95 F __时，把 F 指令值(mm/min)与当前主轴转速(r/min)的乘积作为指令进给速度控制实际的切削进给速度，主轴转速变化时，实际的切削进给速度随着改变。使用 G95 F __给定主轴每转的切削进给量，可以在工件表面形成均匀的切削纹路。在 G95 模态进行加工，机床必须安装主轴编码器。

G94、G95 为同组的模态 G 指令，只能一个有效。G94 为初态 G 指令，CNC 上电时默认 G94 有效。

每转进给量与每分钟进给量的换算公式：

$$F_m = F_r \times S \tag{2-1}$$

式中 F_m——每分钟进给量，mm/min；

F_r——每转进给量，mm/r；

S——主轴转速，r/min。

CNC 上电时，进给速度为 CNC 状态参数 No.053 设定的值，执行 F 指令后，F 指令值保持不变。执行 F0 后，进给速度为 0。CNC 复位、急停时，F 指令值保持不变。

切削进给：CNC 可同时控制 X 轴、Y 轴和 Z 轴三个方向的运动，使刀具的运动轨迹与指令定义的轨迹(直线、圆弧)一致(圆弧时可由 2 轴在选择平面内圆弧插补，第三轴以直线插补联动构成螺旋线插补)，而且运动轨迹的切线方向上的瞬时速度与 F 指令值一致，这种运动控制过程称为切削进给或插补。切削进给的速度由 F 指令指定，CNC 在执行插补指令(切削进给)时，根据编程轨迹把 F 指令给定的切削进给速度可分解到各个插补轴上。

直线插补时：X 轴、Y 轴和 Z 轴三个方向上，CNC 可同时控制 X 轴方向、Y 轴方向和 Z 轴方向的瞬时速度，使得三方向速度的矢量合成速度等于 F 指令值。

$$f_x = \frac{d_x}{\sqrt{d_x^2 + d_y^2 + d_z^2}} \cdot F \tag{2-2}$$

$$f_y = \frac{d_y}{\sqrt{d_x^2 + d_y^2 + d_z^2}} \cdot F \tag{2-3}$$

$$f_z = \frac{d_z}{\sqrt{d_x^2 + d_y^2 + d_z^2}} \cdot F \tag{2-4}$$

式中 F——X 轴方向、Y 轴方向和 Z 轴方向的瞬时速度的矢量合成速度；

d_x——X 轴的瞬时增量；

f_x——X 轴的瞬时速度；

d_y——Y 轴的瞬时增量；

f_y——Y 轴的瞬时速度；

d_z——Z 轴的瞬时增量；

f_z——Z 轴的瞬时速度。

圆弧插补（螺旋线插补）时：选择平面内进行圆弧插补，第三轴执行直线插补，F 指令值为圆弧插补速度。直线插补速度为 f，直线插补与圆弧插补有以下关系：

$$f = F \times \frac{\text{直线轴长度}}{\text{圆弧长度}} \tag{2-5}$$

NC 提供 16 级进给倍率（0～150%，每级 10%），实际的进给倍率级数、掉电是否记忆、修调方法等由 PLC 梯形图定义，使用时应以机床生产厂家说明为准。以下所述为 GSK980MD 标准 PLC 梯形图的功能描述，仅供参考。

使用机床面板的进给倍率键或外接倍率开关可以对切削进给速度进行实时修调，实际的切削进给速度可以在指令速度的 0～150% 范围内作调整，进给倍率掉电记忆。

2.3.2 手动进给

手动进给：GSK980MD 可在手动方式下按当前的手动进给速度进行 X 轴、Y 轴或 Z 轴正向/负向移动，X 轴方向、Y 轴方向和 Z 轴方向能同时移动。

NC 提供 16 级（0～150%，每次 10%）手动进给速度（倍率）如表 2-3 所示。手动进给时实际的进给倍率级数、修调方法等由 PLC 梯形图定义，使用时应以机床生产厂家说明为准。以下为 GSK980MD 标准 PLC 梯形图的功能描述，仅供参考。

表 2-3 手动进给速度与进给倍率关系

进给倍率/%	0	10	20	30	40	50	60	70	80
手动进给速度/（mm/min）	0	2.0	3.2	5.0	7.9	12.6	20	32	50
进给倍率/%	90	100	110	100	110	120	130	140	150
手动进给速度/（mm/min）	79	126	200	126	200	320	500	790	1260

注：X 轴的手动进给速度为直径变化/分钟；GSK980MD 标准 PLC 梯形图定义的进给倍率掉电记忆。

单步进给：GSK980MD 可在单步方式下按当前的增量进行 X 轴、Y 轴或 Z 轴正向/负向移动，X 轴方向、Y 轴和 Z 轴方向同时只能一轴移动。

FC：进给速度。

第 3 章　数控铣床 G 指令

3.1　概述

G 指令由指令地址 G 和其后的 1 ~ 3 位指令值组成，用来规定刀具相对工件的运动方式和进行坐标设定等多种操作，G 指令一览表如表 3-1 所示。

G □□□

G 指令分为 00、01、02、03、05、06、07、08、09、10、14 组。除 01 与 00 组指令不能共段外，同一个程序段中可以输入几个不同组的 G 指令，如果在同一个程序段中输入了两个或两个以上的同组 G 指令时，最后一个 G 指令有效。没有共同参数的不同组 G 指令可以在同一程序段中，功能同时有效并且与先后顺序无关。如果使用了表 3-1 以外的 G 指令或选配功能的 G 指令，系统出现报警。

表 3-1　G 指令一览表

指　令	组　别	功　能	备　注
G04	00	暂停、准停	非模态 G 指令
G28		返回机械零点	
G29		从参考点返回	
G30		返回第 2，3，4 参考点	
G31		跳转功能	
G92		坐标系设定	
G65		宏指令	
G00（初态 G 指令）	01	快速移动	模态 G 指令
G01		直线插补	
G02		圆弧插补（顺时针）	
G03		圆弧插补（逆时针）	
G73		钻深孔循环	
G74		左旋攻丝循环	
G80（初态 G 指令）		固定循环注销	
G81		钻孔循环（点钻循环）	
G82		钻孔循环（镗阶梯孔循环）	
G83		深孔钻循环	

续表

指　令	组　别	功　能	备　注
G84		攻丝循环	
G85		镗孔循环	
G86		钻孔循环	
G88		镗孔循环	
G89		镗孔循环	
G110		顺时针圆凹槽内粗铣	
G111		逆时针圆凹槽内粗铣	
G112		顺时针全圆内精铣	
G113	01	逆时针全圆内精铣	模态 G 指令
G114		顺时针外圆精铣	
G115		逆时针外圆精铣	
G134		顺时针矩形凹槽粗铣	
G135		逆时针矩形凹槽粗铣	
G136		顺时针矩形凹槽内精铣	
G137		逆时针矩形凹槽内精铣	
G138		顺时针矩形外精铣	
G139		逆时针矩形外精铣	
G17（初态 G 指令）		*XY* 平面选择	
G18	02	*ZX* 平面选择	模态 G 指令
G19		*YZ* 平面选择	
G90（初态 G 指令）	03	绝对值编程	模态 G 指令
G91		相对值编程	
G94（初态 G 指令）	05	每分进给	模态 G 指令
G95		每转进给	
G20	06	英制数据输入	模态掉电记忆
G21		公制数据输入	
G40（初态 G 指令）		取消刀尖半径补偿	
G41	07	刀尖半径左补偿	模态 G 指令
G42		刀尖半径右补偿	
G43		正方向刀具长度偏移	
G44	08	负方向刀具长度偏移	模态 G 指令
G49（初态 G 指令）		刀具长度偏移注消	
G140		顺时针矩形轨迹连续打孔	
G141	09	逆时针矩形轨迹连续打孔	非模态 G 指令
G142		顺时针圆弧轨迹连续打孔	
G143		逆时针圆弧轨迹连续打孔	

续表

指　令	组　别	功　能	备　注
G98(初态 G 指令)	10	在固定循环中返回初始平面	模态 G 指令
G99		在固定循环中返回到 R 平面	
G54(初态 G 指令)	14	工件坐标系 1	模态 G 指令
G55		工件坐标系 2	
G56		工件坐标系 3	
G57		工件坐标系 4	
G58		工件坐标系 5	
G59		工件坐标系 6	

3.1.1　模态、非模态及初态

G 指令分为 00、01、02、03、05、06、07、08、09、10、14 组。其中 00 组 G 指令为非模态 G 指令，其它组 G 指令为模态 G 指令，G00、G80、G40、G49、G94 为初态 G 指令。

G 指令执行后，其定义的功能或状态保持有效，直到被同组的其它 G 指令改变，这种 G 指令称为模态 G 指令。模态 G 指令执行后，其定义的功能或状态被改变以前，后续的程序段执行该 G 指令时，可不需要再次输入该 G 指令。

G 指令执行后，其定义的功能或状态一次性有效，每次执行该 G 指令时，必须重新输入该 G 指令，这种 G 指令称为非模态 G 指令。

系统上电后，未经执行其功能或状态就有效的模态 G 指令称为初态 G 指令。上电后不输入 G 指令时，按初态 G 指令执行。GSK980MD 的初态指令为 G00、G80、G40、G49、G94。

3.1.2　相关定义

本教材以下内容的阐述中，未作特殊说明时有关词(字)的意义如下：

起点：当前程序段运行前的位置；

终点：当前程序段执行结束后的位置；

X：G90 为终点 *X* 轴的绝对坐标，G91 为相对于当前点 *X* 轴的增量值；

Y：G90 为终点 *Y* 轴的绝对坐标，G91 为相对于当前点 *Y* 轴的增量值；

Z：G90 为终点 *Z* 轴的绝对坐标，G91 为相对于当前点 *Z* 轴的增量值；

F：切削进给速度。

3.2　快速定位 G00

指令格式：G00 X__ Y__ Z__；

指令功能：*X* 轴、*Y* 轴、*Z* 轴同时从起点以各自的快速移动速度移动到终点，如图 3-1所示。两轴是以各自独立的速度移动，短轴先到达终点，长轴独立移动剩下的距离，其合成轨迹不一定是直线。

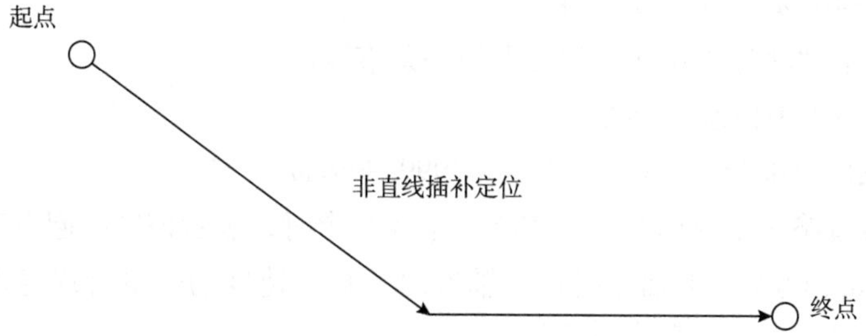

图 3-1　快速定位运动轨迹

指令说明：G00 为初态 G 指令；

X、*Y*、*Z* 取值范围为 -9999.999 ~ +9999.999mm；*X*、*Y*、*Z* 可省略一个或两个，当省略一个或两个时，表示该轴的起点和终点坐标值一致。

指令轨迹图：

刀具以各轴独立的快速移动速度定位。通常刀具的轨迹不是直线。

X、*Y*、*Z* 轴各自快速移动速度分别由系统数据参数 No. 022、No. 023、No. 024 设定，实际的移动速度可通过机床面板的快速倍率键进行修调。

X、*Y*、*Z* 轴各自快速移动的加减速时间常数分别有系统数据参数 No. 025、No. 026、No. 027 设定。刀具从 *A* 点快速移动到 *B* 点，如图 3-2 所示。

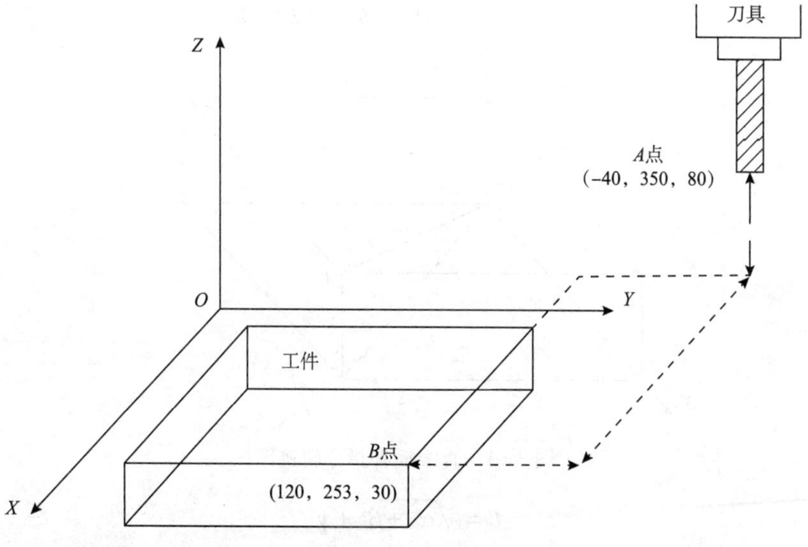

图 3-2　刀具从 *A* 点快速移动到 *B* 点

G90 G00 X120 Y253 Z30；(绝对坐标编程)

G91 G00 X160 Y -97 Z -50；(相对坐标编程)

3.3 直线插补 G01

指令格式：G01 X __ Y __ Z __ F __；

指令功能：运动轨迹为从起点到终点的一条直线。

指令说明：G01 为模态 G 指令；

X、Y、Z 取值范围为 -9999.999 ~ +9999.999mm；

X、Y、Z 可省略一个或两个，当省略一个或两个时，表示该轴的起点和终点坐标值一致。F 指令值为 X 轴方向、Y 轴方向和 Z 轴方向的瞬时速度的矢量合成速度，实际的切削进给速度为进给倍率与 F 指令值的乘积；

F 指令执行后，此指令值一直保持，直至新的 F 指令被执行。后述其它 G 指令使用的 F 指令功能相同时，不再详述。

取值范围如表 3-2 所示。

表 3-2　F 指令值取值范围

指令功能	G94/(mm/min)	G95/(mm/r)
取值范围	1 ~ 8000	0.001 ~ 500

指令轨迹图：

执行直线插补指令，由 O 点到 A 点：G01 X $\underline{\ \alpha\ }$ Y $\underline{\ \beta\ }$ Z $\underline{\ \gamma\ }$ F $\underline{\ f\ }$；

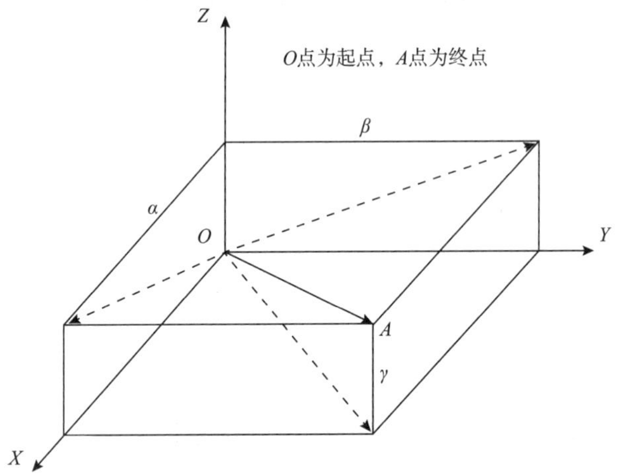

图 3-3　直线插补指令轨迹图

$$L = \sqrt{\alpha^2 + \beta^2 + \gamma^2} \qquad (3-1)$$

用 F 指令指定的进给速度是刀具沿着直线运动的速度。各轴方向的速度分配如下：

X 轴方向的速度：
$$F_X = \frac{\alpha}{L} \times f \qquad (3-2)$$

Y 轴方向的速度： $$F_Y = \frac{\beta}{L} \times f \tag{3-3}$$

Z 轴方向的速度： $$F_Z = \frac{\gamma}{L} \times f \tag{3-4}$$

3.4 圆弧及螺旋线插补 G02、G03

指令格式：

XY 平面的圆弧：

$$\mathrm{G17}\begin{Bmatrix}\mathrm{G02}\\ \mathrm{G03}\end{Bmatrix}\mathrm{X}\underline{\quad}\ \mathrm{Y}\underline{\quad}\quad \begin{cases}\mathrm{R}\underline{\quad}\\ \mathrm{I}\underline{\quad}\ \mathrm{J}\underline{\quad}\end{cases}\ \mathrm{F}\underline{\quad}$$

ZX 平面的圆弧：

$$\mathrm{G18}\begin{Bmatrix}\mathrm{G02}\\ \mathrm{G03}\end{Bmatrix}\mathrm{X}\underline{\quad}\ \mathrm{Z}\underline{\quad}\quad \begin{cases}\mathrm{R}\underline{\quad}\\ \mathrm{I}\underline{\quad}\ \mathrm{K}\underline{\quad}\end{cases}\ \mathrm{F}\underline{\quad}$$

YZ 平面的圆弧：

$$\mathrm{G19}\begin{Bmatrix}\mathrm{G02}\\ \mathrm{G03}\end{Bmatrix}\mathrm{Y}\underline{\quad}\ \mathrm{Z}\underline{\quad}\quad \begin{cases}\mathrm{R}\underline{\quad}\\ \mathrm{J}\underline{\quad}\ \mathrm{K}\underline{\quad}\end{cases}\ \mathrm{F}\underline{\quad}$$

螺旋线插补：

XY 平面内圆弧插补，Z 轴直线插补联动：

$$\mathrm{G17}\begin{Bmatrix}\mathrm{G02}\\ \mathrm{G03}\end{Bmatrix}\mathrm{X}\underline{\quad}\ \mathrm{Y}\underline{\quad}\ \mathrm{Z}\underline{\quad}\quad \begin{cases}\mathrm{R}\underline{\quad}\\ \mathrm{I}\underline{\quad}\ \mathrm{J}\underline{\quad}\end{cases}\ \mathrm{F}\underline{\quad}$$

ZX 平面内圆弧插补，Y 轴直线插补联动：

$$\mathrm{G18}\begin{Bmatrix}\mathrm{G02}\\ \mathrm{G03}\end{Bmatrix}\mathrm{X}\underline{\quad}\ \mathrm{Z}\underline{\quad}\ \mathrm{Y}\underline{\quad}\quad \begin{cases}\mathrm{R}\underline{\quad}\\ \mathrm{I}\underline{\quad}\ \mathrm{K}\underline{\quad}\end{cases}\ \mathrm{F}\underline{\quad}$$

YZ 平面内圆弧插补，X 轴直线插补联动：

$$\mathrm{G19}\begin{Bmatrix}\mathrm{G02}\\ \mathrm{G03}\end{Bmatrix}\mathrm{Y}\underline{\quad}\ \mathrm{Z}\underline{\quad}\ \mathrm{X}\underline{\quad}\quad \begin{cases}\mathrm{R}\underline{\quad}\\ \mathrm{J}\underline{\quad}\ \mathrm{K}\underline{\quad}\end{cases}\ \mathrm{F}\underline{\quad}$$

指令功能：圆弧插补任何时候都只有两个轴参与联动，来控制刀具沿圆弧在选择的平面中运动；若同时指定三个轴，则此时第三轴以直线插补方式参与联动，构成螺旋线插补。G02 指令运动轨迹表示从起点到终点为顺时针；G03 指令运动轨迹表示从起点到终点为逆时针。

指令说明：

G02、G03 为模态 G 指令；

R 为圆弧半径，取值范围 −9999.999 ~ 9999.999mm；

圆弧中心用地址 I、J、K 指定时，其分别对应于 *X*、*Y*、*Z* 轴，I 为圆心与圆弧起点在 *X* 方向的差值，*I* = 圆心坐标 *X* - 圆弧起始点的 *X* 坐标；取值范围 -9999.999 ~ 9999.999mm；J 为圆心与圆弧起点在 *Y* 方向的差值，J = 圆心坐标 *Y* - 圆弧起始点的 *Y* 坐标；取值范围 -9999.999 ~ 9999.999mm；K 为圆心与圆弧起点在 *Z* 方向的差值，K = 圆心坐标 *Z* - 圆弧起始点的 *Z* 坐标；取值范围 -9999.999 ~ 9999.999mm。

注意：当 I、J、K 表示全圆时，根据方向带有符号，I、J、K 方向与 *X*、*Y*、*Z* 轴方向相同，则取正值；否则，取负值。圆弧及螺旋线插补命令及意义如表 3-3 所示。

表 3-3　圆弧及螺旋线插补命令及意义

项　目	指定内容		命　令	意　义
1	平面指定		G17	*XY* 平面圆弧指定
			G18	*ZX* 平面圆弧指定
			G19	*YZ* 平面圆弧指定
2	回转方向		G02	顺时针转 CW
			G03	逆时针转 CCW
3	终点位置	G90 方式	*X*、*Y*、*Z* 中的两轴	零件坐标系中的终点位置
		G91 方式	*X*、*Y*、*Z* 中的两轴	从始点到终点的距离
4	从始点到圆心的距离		I	*X* 轴始点到圆心的距离(带符号)
			J	*Y* 轴始点到圆心的距离(带符号)
			K	*Z* 轴始点到圆心的距离(带符号)
	圆弧半径		R	圆弧半径
5	进给速度		F	沿圆弧的速度

所谓顺时针和逆时针是指在右手直角坐标系中，对于 *XY* 平面(*ZX* 平面，*YZ* 平面)从 *Z* 轴(*Y* 轴，*X* 轴)的正方向往负方向看而言，如图 3-4 所示。

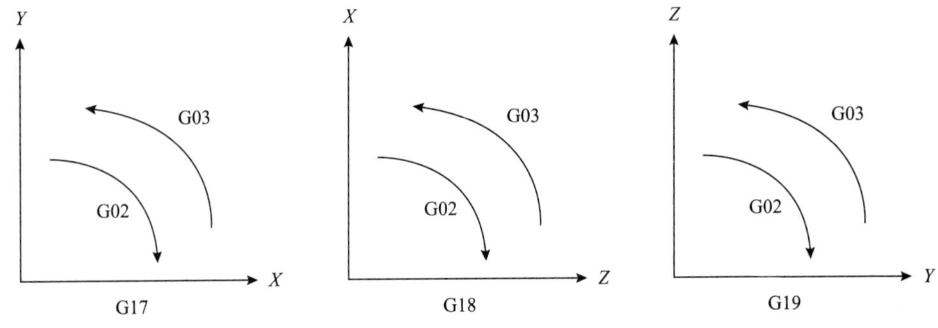

图 3-4　顺时针及逆时针

用地址 *X*，*Y* 或者 *Z* 指定圆弧的终点。对应于 G90 指令的是用绝对值表示，对应于 G91 的是用增量值表示，增量值是从圆弧的始点到终点的距离值。圆弧中心用地址 I，J，K 指定，它们分别对应于 *X*，*Y*，*Z*。但 I，J，K 后面的数值是从圆弧始点到圆心的矢量分量，是含符号的增量值，如图 3-5 所示。

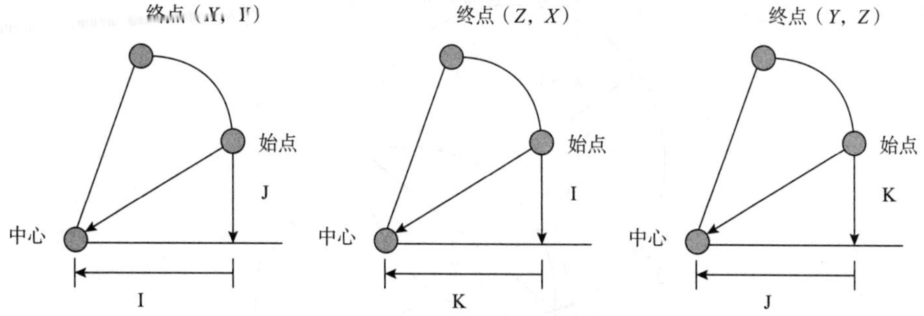

图 3-5　地址 I、J、K 意义图示

螺旋线插补指令中 F 指令值为圆弧插补速度，要实现直线轴插补与圆弧插补的联动，则第三轴进行直线插补的移动速度与 F 有以下关系：

$$f = F \times \frac{\text{直线轴长度}}{\text{圆弧长度}} \tag{3-5}$$

螺旋线插补轨迹如图 3-6 所示。

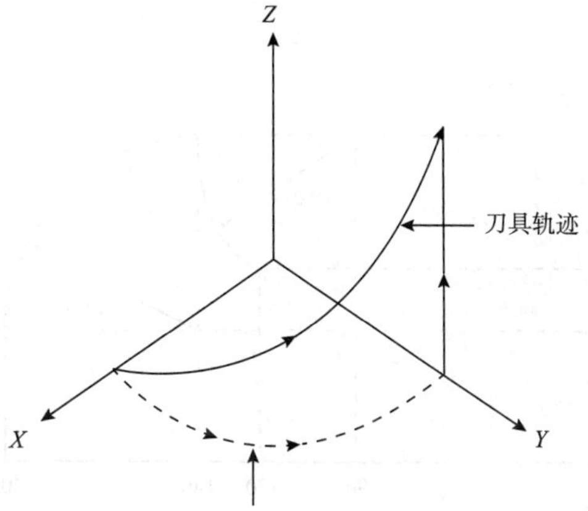

图 3-6　螺旋线插补轨迹

I，J，K 根据方向带有符号。圆弧中心除用 I，J，K 指定外，还可以用半径 R 来指定。表示方法如下：

G02 X __ Y __ R __ ；

G03 X __ Y __ R __ ；

此时可画出下面两个圆弧，大于 180°的圆弧和小于 180°的圆弧。对于小于 180°的圆弧则半径用正值指定；对于大于 180°的圆弧则半径用负值指定。当指令等于 180°的圆弧时，半径指定用正负值都可。圆弧及螺旋插补中半径的应用，如图 3-7 所示。

轨迹 1 的圆弧小于 180°：

G91 G02 X60. 0 Y20. 0 R50. 0 F300. 0 ；

轨迹 2 的圆弧大于 180°：

G91 G02 X60. 0 Y20. 0 R -50. 0 F300. 0 ；

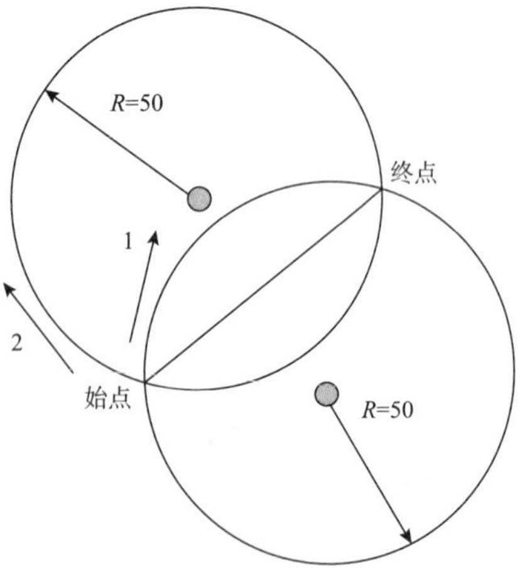

图 3-7　圆弧及螺旋插补中半径的应用

程序实例：

图 3-8 所示为圆弧及螺旋线的轨迹，分别用绝对值方式和增量值方式编程：

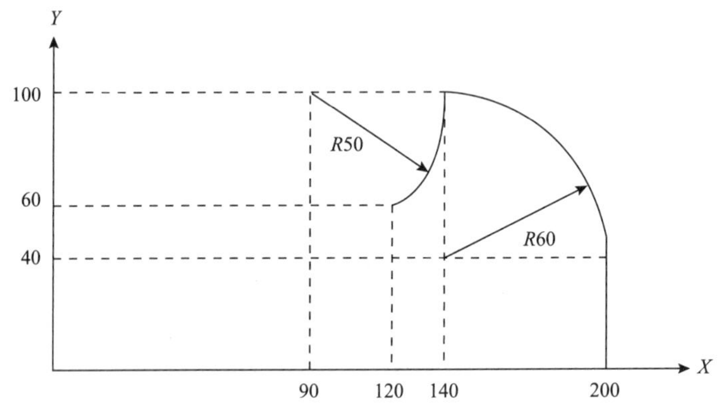

图 3-8　圆弧及螺旋线插补示例图

1)绝对值方式

G92 X200.0 Y40.0 Z0 ;

G90 G03 X140.0 Y100.0 I－60.0 F300.0 ;

G02 X120.0 Y60.0 I－50.0 ;

或 G92 X200.0 Y40.0 Z0 ;

G90 G03 X140.0 Y100.0 R60.0 F300.0 ;

G02 X120.0 Y60.0 R50.0 ;

2)增量方式

G91 G03 X－60.0 Y60.0 I－60.0 F300.0 ;

G02 X－20.0 Y－40.0 I－50.0 ;

或 G91 G03 X－60.0 Y60.0 R60.0 F300.0 ;

G02 X－20.0 Y－40.0 R50.0；

圆弧插补的进给速度用F指令值指定，为刀具沿着圆弧切线方向的速度。

注意事项：

(1)I0，J0，K0 可以省略；但指令地址 I、J、K 或 R 必须至少输入一个，否则系统产生报警；

(2)X，Y，Z 同时省略表示终点和始点是同一位置，用 I，J，K 指令圆心时，为 360°的圆弧。

G02 I＿；(全圆)使用 R 时，表示 0°的圆

G02 R＿；(不移动)

建议使用 R 编程。当使用 I、J、K 编程时，为了保证圆弧运动的始点和终点与指定值一致，系统会根据选择平面重新计算 R 来运动。系统通过 I、J、K 计算 R 值，如表 3-4 所示。

表 3-4 系统通过 I、J、K 计算 R 值

选择平面	重新计算半径 R 值
G17	$R=\sqrt{I^2+J^2}$
G18	$R=\sqrt{I^2+K^2}$
G19	$R=\sqrt{J^2+K^2}$

(3)刀具实际移动速度相对于指令速度的误差在 ±2% 以内，而指令速度是刀具沿着半径补偿后的圆弧运动的速度。

(4)I，J，K 和 R 同时指令时，R 有效，I，J，K 无效。

(5)如果在规定的平面上指令了不存在的轴，则会产生报警。

(6)如果在起点和终点之间的半径差在终点超过了参数(No.100)中的允许值时，则产生 P/S 报警。

3.5 暂停指令 G04

指令格式：G04 P＿；或 G04 X＿；

指令功能：各轴运动停止，不改变当前的 G 指令模态和保持的数据和状态，延时给定的时间后，再执行下一个程序段。

指令说明：G04 为非模态 G 指令；G04 延时时间由指令 P、X 指定；P、X 指令值范围为 0.001～9999.999 秒。P、X 指令值的时间单位如表 3-5 所示。

表 3-5 P、X 指令值的时间单位

地址	P	X
单位	0.001s	s

注意事项：

(1)X 可以指定小数，P 不能指定小数，否则报警。

(2)当 P、X 未输入时或 P、X 指定负值时，表示程序段间准确停。

(3)P、X 在同一程序段，P 有效。

(4)G04 指令执行中，进行进给保持的操作，当前延时的时间要执行完毕后方可暂停。

3.6 平面选择指令 G17、G18、G19

指令格式：

G17 ……XY 平面

G18 ……ZX 平面

G19 ……YZ 平面

指令功能：用 G 指令选择圆弧插补的平面和刀具半径补偿的平面。

指令说明：G17，G18，G19 为模态 G 指令，在没指令的程序段里，平面不发生变化。

指令示例：

G18 X __ Z __ ；　ZX 平面

　　X __ Y __ ；　平面不变(ZX 平面)

3.7 英制与公制的转换 G20、G21

指令格式：G20/G21；

指令功能：输入单位是英制还是公制，用 G 指令来选择。

指令说明：英制、公制切换 G 指令要在程序的前头，坐标系设定之前，用单独程序段指令。下列各值的单位制根据英制和公制切换的 G 指令变化。G20/G21 指令说明如表 3-6 所示。

表 3-6　G20/G21 指令说明

单位制	G 指令	代码	最小设定单位
英制	G20	0.0001	英寸
公制	G21	0.001	毫米

3.8 刀尖半径补偿 C(G40、G41、G42)

指令格式：

$$\left.\begin{matrix}G17\\G18\\G19\end{matrix}\right\}\quad \left.\begin{matrix}G41\\ \\G42\end{matrix}\right\}\quad D\_\_$$

指令功能：

刀尖半径补偿功能，如表 3-7 所示。

表 3-7 刀尖半径补偿功能

G 指令	功能
G40	刀具半径补偿取消
G41	刀具半径左补偿
G42	刀具半径右补偿

用 G40，G41，G42 指定刀具半径补偿向量的取消及进行。它们与 G00，G01，G02，G03 指令组合，定义一个模式确定补偿向量的值、方向及刀具运动方向。

G41 或 G42 使系统进入补偿模式，G40 使系统取消补偿模式。

指令说明：

(1)补偿平面：根据平面选择指令来确定补偿平面，C 刀补在补偿平面中计算。

平面选择与补偿平面：

G17：$X-Y$ 平面

G18：$Z-X$ 平面

G19：$Y-Z$ 平面

(2)补偿量(D 指令)：本系统最多可设置 32 个补偿量。在程序中以 D 指令后的两个数值即为补偿量的序号，补偿量必须通过 MDI/LCD 单元设定。需要注意的是，D 指令根据参数 No. 003Bit1 来确定刀具偏置页面中的补偿量为直径值还是半径值。

补偿量的设定范围如表 3-8 所示。

表 3-8 补偿量的设定范围

	毫米输入/mm	英寸输入/inch
补偿量	0 ~ +9999.999	0 ~ +999.999

指令示例：

N00 G92 X0 Y0 Z0；

N01 G90 G17 G00 G41 D7 X250.0 Y550.0；(补偿量必须用补偿号码预先设定)

N02 G01 Y900.0 F150；

N03 X450.0；

N04 G03 X500.0 Y1150.0 R650.0；

N05 G02 X900.0 R -250.0；

N06 G03 X950.0 Y900.0 R650.0；

N07 G01 X1150.0；

N08 Y550.0；

N09 X700.0 Y650.0；

N10 X250.0 Y550.0；

N11 G00 G40 X0 Y0；

程序段(1)称为启动，在该段 G41 指令使补偿取消模式变为补偿模式。在本段的终点，刀具中心用刀具半径垂直于下一段程序路径(从 P1 至 P2)方向补偿。刀具补偿量用 D07 指定，即补偿号码设为 7，G41 表示刀具路径左补偿。

补偿开始后，当工件形状编成如 P1→P2……P8→P9→P1，刀具路径补偿自动执行，如图 3-9 所示。

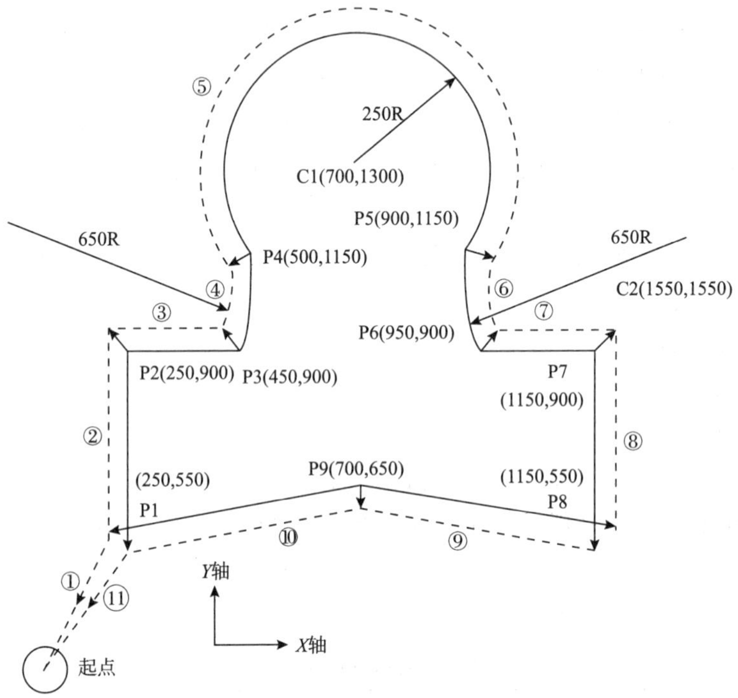

图 3-9　刀具半径补偿图例

3.9　工件坐标系 G54 ~ G59

指令格式：

G54；选择工件坐标系 1

G55；选择工件坐标系 2

G56；选择工件坐标系 3

G57；选择工件坐标系 4

G58；选择工件坐标系 5

G59；选择工件坐标系 6

指令功能：

不需 G92 设定，机床就有六个工件坐标系，由 G54 ~ G59 可选择其中的任意一个坐标系。

指令说明.

(1)开机默认坐标系为 G54;

(2)同一程序段可以同时使用 G54 ~G59;

(3)在使用 G54 ~G59 坐标系时，不能同时使用 G92 指令。

这六个工件坐标系是由从机床零点到各自坐标系零点的距离(工件零点偏置)而设定的。

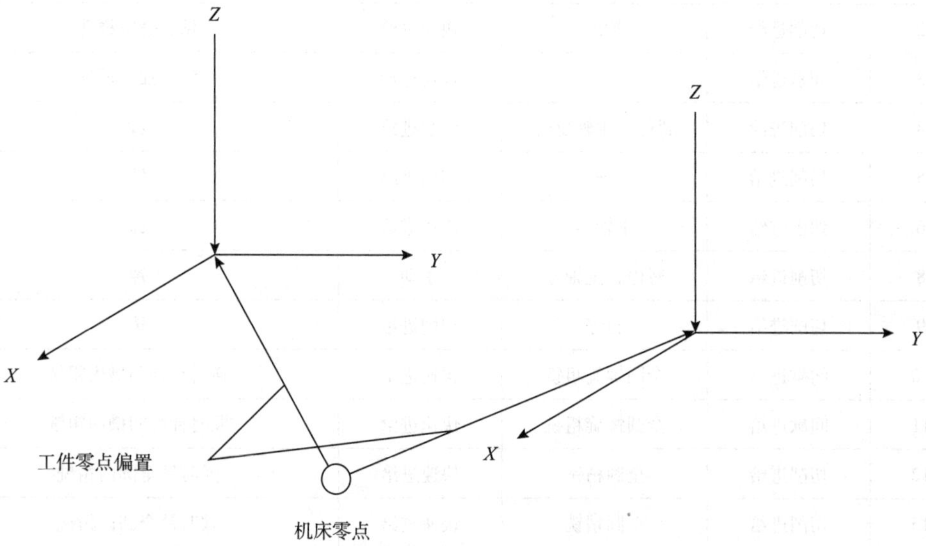

图 3-10 工件坐标系示意图

指令示例：如图 3-10 所示。

N10 G55 G90 G00 X100. 0 Z20. 0;

N20 G56 X80. 5 Z25. 5;

从工件坐标系 2 下的位置($X=100.0$, $Z=20.0$)快速定位至工件坐标系 3 的位置($X=80.5$, $Z=25.5$)。

如 N20 程序段为 G91，则增量移动。N20 程序段开始执行时，绝对坐标位置值自动变成为在 G56 坐标系下的坐标值，也偏移向量 A。

3.10 复合循环指令

3.10.1 固定循环的概述

固定循环通常是用含有 G 功能的一个程序段完成用多个程序段指令才能完成的加工动作，使编程人员编程变得容易。使用固定循环，频繁使用的加工操作可以用 G 功能在单程序段中指令，没有固定循环一般要求多个程序段，另外固定循环能缩短程序以节省存储器空间。固定循环如表 3-9 所示。

表 3-9　固定循环一览表

G	开孔动作	孔底动作	退刀动作	用　途
G73	间歇进给	—	快速进给	高速深孔加工循环
G74	切削进给	暂停，主轴正转	切削进给	反攻丝循环
G80	—	—	—	取消固定循环
G81	切削进给	—	快速进给	钻，点钻
G82	切削进给	暂停	快速进给	钻，镗阶梯孔
G83	间歇进给	—	快速进给	深孔加工循环
G84	切削进给	暂停，主轴反转	切削进给	攻丝
G85	切削进给	—	切削进给	镗
G86	切削进给	主轴停	快速进给	镗
G88	切削进给	暂停，主轴停	手动	镗
G89	切削进给	暂停	切削进给	镗
G110	间歇进给	全圆螺旋粗铣	快速进给	逆时针圆凹槽内粗铣
G111	间歇进给	全圆螺旋粗铣	快速进给	顺时针圆凹槽内粗铣
G112	切削进给	全圆精铣	快速进给	逆时针全圆内精铣
G113	切削进给	全圆精铣	快速进给	顺时针全圆内精铣
G114	切削进给	全圆精铣	快速进给	逆时针外圆精铣
G115	切削进给	全圆精铣	快速进给	顺时针外圆精铣
G134	间歇进给	矩形粗铣	快速进给	逆时针矩形凹槽内粗铣
G135	间歇进给	矩形粗铣	快速进给	顺时针矩形凹槽内粗铣
G136	切削进给	矩形精铣	快速进给	逆时针矩形凹槽内精铣
G137	切削进给	矩形精铣	快速进给	顺时针矩形凹槽内精铣
G138	切削进给	矩形精铣	快速进给	逆时针矩形凹槽外精铣
G139	切削进给	矩形精铣	快速进给	顺时针矩形凹槽外精铣

3.10.1.1　固定循环的说明

一般固定循环是由下面几个动作顺序组成的，如图 3-11 所示。

动作 1：*X*、*Y* 定位；

动作 2：快速定位到 *R* 点；

动作 3：孔加工；

动作 4：孔底的动作；

动作 5：退回到 *R* 点；

动作 6：快速返回至初始点。

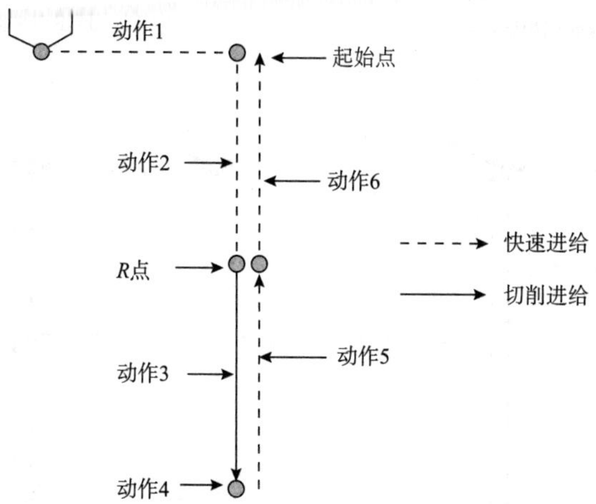

图 3-11 固定循环动作图

3.10.1.2 关于 G90/G91

G90 和 G91 相对应给出的数据方式是不同的。G90 时，指令的 R 值和 Z 值分别为 *R* 点平面和要加工的孔底的绝对位置；而 G91 时，指令的 *R* 值是相对于初始点平面的距离，*Z* 值则是相对于 *R* 点平面的距离，如图 3-12 所示。

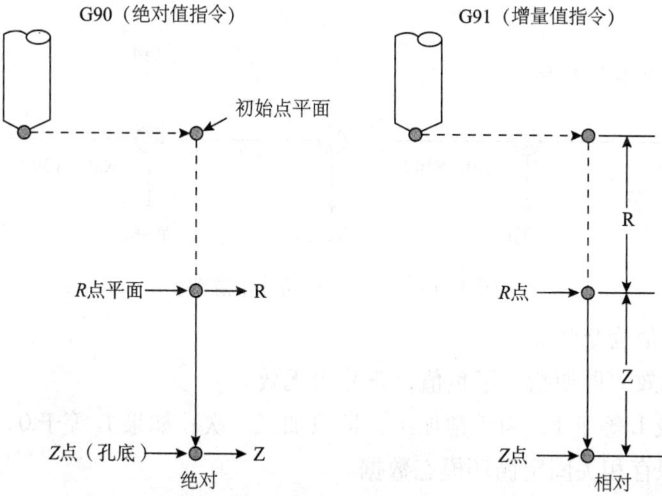

图 3-12 固定循环的绝对值指令和增量值指令

3.10.1.3 关于返回点平面 G98/G99

在返回动作中，根据 G98 和 G99 的不同，可以使刀具返回到初始点平面或 *R* 点平面。指令 G98 和 G99 的动作如图 3-13 所示。通常，最初的孔加工用 G99，最后加工用 G98。用 G99 状态加工孔时，初始平面也不变化。

注意：初始点平面是表示从取消固定循环状态到开始固定循环状态的孔加工轴方向的绝对位置。

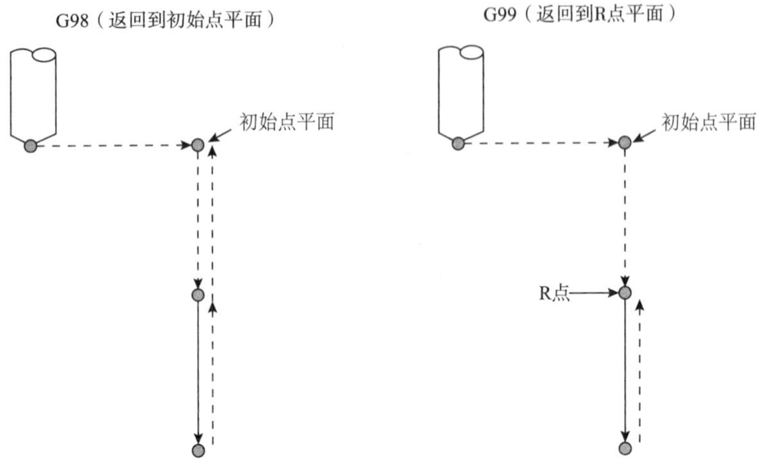

图 3-13　初始点平面和 R 点平面

3.10.1.4　连续打孔(L 功能)

若在固定循环中指令有 *L* 字段，则表明当前平面位置到程序段中给定的 *X*、*Y* 终点之间这一线段上，要进行 *L* 个孔的加工循环，当前位置(程序段起始点)将不进行钻孔，而终点作为最后一个孔的位置，这些孔是等距离的，如图 3-14 所示。

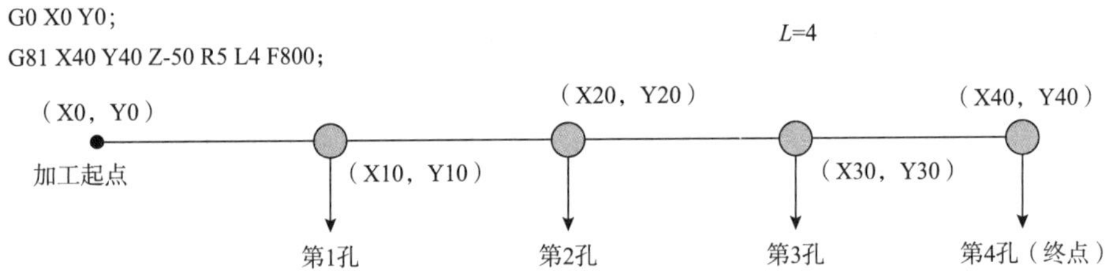

图 3-14　连续打孔功能示意图

L 的最大指令值为 9999。

L 指令负值无效，即使指令了负值，符号也无效。

没有指令 L 或 L 等于 1，为正常加工，即只加工一次；如果 L 等于 0，则不执行钻孔，刀具不动作，但保存相关固定循环模态数据。

注意事项：

(1)指令字 L 只在当前程序段有效。

(2)在连续打孔过程中，返回的平面都为 *R* 点平面，只有当加工完最后一个孔后才根据程序段中指令的 G98/G99 来返回相应的平面。

(3)固定循环 G110、G111、G112、G113、G114、G115、G134、G135、G136、G137、G138、G139 无连续打孔功能。

3.10.1.5　固定循环的取消

取消固定循环有以下两种方式：

一是指令 G80 来取消固定循环；二是指令 01 组的 G00、G01、G02、G03 来取消固定循环。

(1)当指令 G80 取消固定循环时，如没有指令 01 组中的 G00、G01、G02、G03 指令，则使用固定循环前保存的模态指令(G00 或 G01)来进行动作。

例：N0010 G01 X0 Y0 Z0 F800；(进入固定循环前的模态指令为 G01)

N0020 G81 X10 Y10 R5 Z－50；(进入固定循环)

N0030 G80 X100 Y100 Z100；(取固定循环前保存的模态指令 G01 进行切削进给)

如果上述程序 N0010 段中指令的不是 G01，而是 G00，则 N0030 段是以 G00 进行快速定位的。

(2)当指令的程序段中即有 G80 又有 G00、G01、G02、G03 指令时，以 G00、G01、G02、G03 指令进行动作。

例：N0010 G01 X0 Y0 Z0 F800；(进入固定循环前的模态指令为 G01)

N0020 G81 X10 Y10 R5 Z－50；(进入固定循环)

N0030 G00 G80 X100 Y100 Z100；(以 G00 进行快速定位，并保存模态指令为 G00)

注意：F 指令的切削速度，即使取消了固定循环也被保持。

3.10.1.6 固定循环的一般指令格式

固定循环中的孔加工数据，一旦在固定循环中被指定，便一直保持到取消固定循环为止，因此在固定循环开始，需将必要的孔加工数据全部指定出来，在其后的固定循环中只需指定变更的数据。

固定循环的一般指令格式：G __ X __ Y __ R __ Z __ Q __ P __ F __ L __；

在上式中列出了固定循环所包含的所有指令，但并不表示在每个固定循环都要指令上述格式。例如，只要指令了固定循环 G 指令(孔加工方式)和 X、Y、Z、R 中的任意一个数据，就可进行固定循环；另外，在某些固定循环 G 指令(孔加工方式)下，Q 或 P 是不可用的，不需指令，指令无效，即使指令了这些数据，也只作为模态数据存储。固定循环的指令说明如表 3-10 所示。

表 3-10 固定循环的指令说明

指定内容	地址	指令地址说明
孔加工方式	G	请参照固定循环一览表
孔位置数据	X，Y	用绝对值或增量值指定孔的位置，控制与 G00 定位相同。单位：mm
	R	如图 3-12 所示，用增量值指定的从初始点平面到 *R* 点距离，或者用绝对值指定 *R* 点的坐标值。单位：mm
	Z	孔深。如图 3-12 所示，用增量值指定从 *R* 点到孔底的距离或者用绝对值指令孔底的坐标值。单位：mm
	Q	指定 G73，G83 中每次切入量或者 G76，G87 中平移量。单位：mm
	P	指定在孔底的暂停时间。时间与指定数值关系与 G04 指定相同。单位：ms
	L	表示从起点(程序段的起始位置)到 *XY* 坐标位置这一线段上进行 L 个孔的加工循环
	F	指定切削进给速度。在 G74，G84 中表示牙距

注：固定循环 G110、G111、G112、G113、G114、G115、G134、G135、G136、G137、G138、G139 中的部分指令说明在下面固定循环详解的各自章节中。

3.10.2 固定循环的详解

3.10.2.1 高速深孔加工循环 G73

指令格式：G98/G99 G73 X __ Y __ R __ Z __ Q __ F __ L __；

指令功能：该循环执行高速深孔加工，它执行间歇切削进给直到孔的底部，同时从孔中排除切屑。

指令说明：请参照表 3-10 固定循环的指令说明。

循环过程：

(1)快速定位到 *XY* 平面的位置；

(2)快速下至 *R* 点平面；

(3)切削进给 *Q* 距离；

(4)快速退刀 *d* 距离；

(5)切削进给($Q+d$)距离；

(6)循环(4)(5)直至到达 *Z* 轴加工到孔底；

(7)根据 G98 或 G99 快速返回起始点平面或 *R* 点平面。指令轨迹如图 3-15 所示。

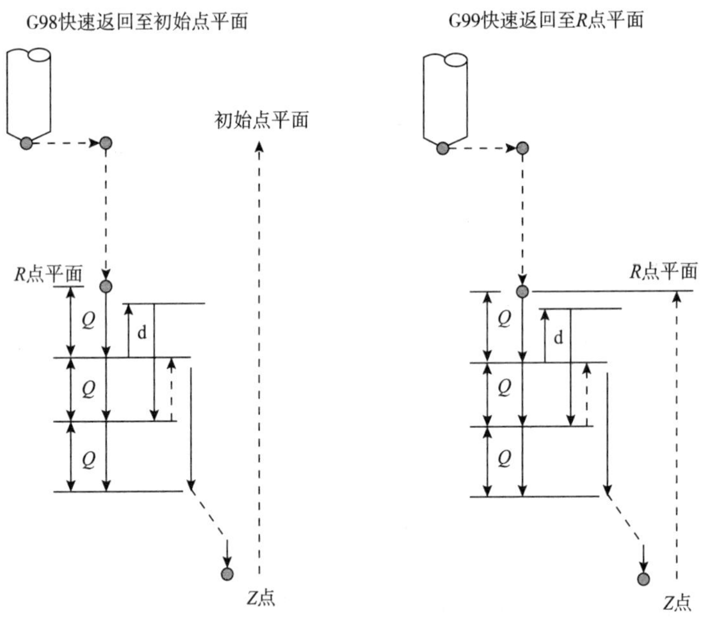

图 3-15 G73 指令轨迹

3.10.2.2 左旋攻丝循环 G74

指令格式：G98/G99 G74 X __ Y __ R __ Z __ P __ F __ L __

指令功能：此循环用于加工一个反螺纹。主轴反转进行攻丝，到达孔底暂停后正转返回。

指令说明：请参照表 3-10 固定循环的指令说明。

其中 F 是牙距。取值范围：0.001～500.00mm(公制)，0.06～25400 牙/英寸(英制)。

循环过程：

(1)快速定位到 *XY* 平面的位置；

(2)快速下至 *R* 点平面；

(3)攻丝至孔底；

(4)主轴停止；

(5)若指令 *P*，暂停 *P* 时间；

(6)主轴正转返回至 *R* 点平面；

(7)主轴停止；若指令 *P*，暂停 *P* 时间；

(8)主轴反转；

(9)若为 G98 则返回至起始点平面。

指令轨迹如图 3-16 所示。

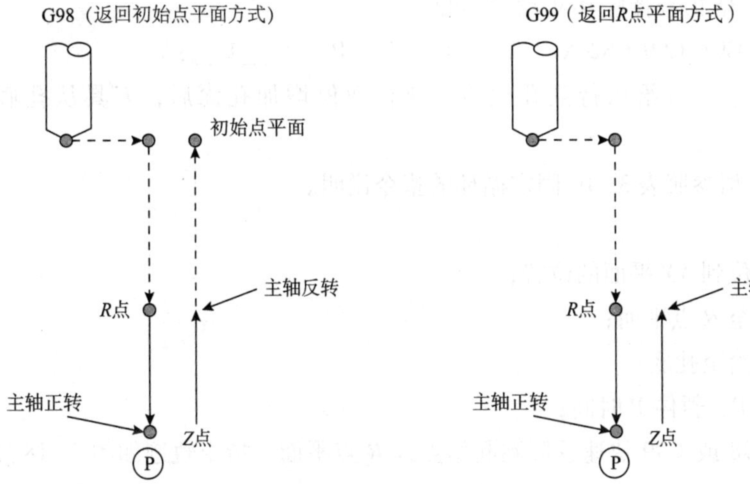

图 3-16　G74 指令轨迹

3.10.2.3　钻、点钻循环 G81

指令格式：G98/G99 G81 X__Y__R__Z__F__L__;

指令功能：该循环用作正常钻孔。切削进给执行到孔底，然后刀具从孔底快速移动退回。

指令说明：请参照表 3-10 固定循环的指令说明。

循环过程：

(1)快速定位到 *XY* 平面的位置；

(2)快速下至 *R* 点平面；

(3)切削进给至孔底；

(4)根据 G98 或 G99 快速返回到起始点或 *R* 点平面。指令轨迹如图 3-17 所示。

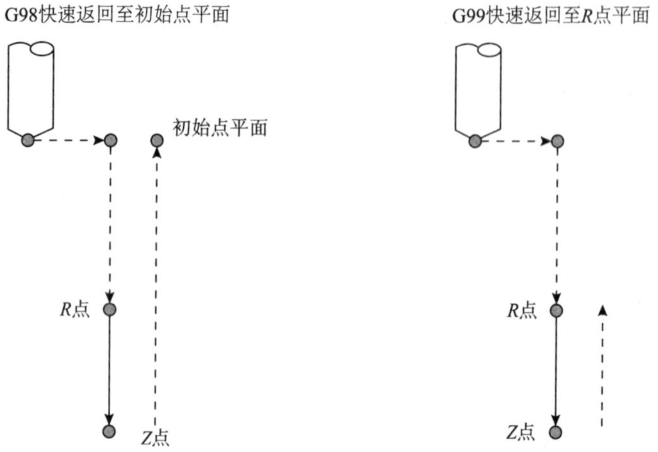

图 3-17　G81 指令轨迹

3.10.2.4　钻孔和镗阶梯孔循环 G82

指令格式：G98/G99 G82 X __ Y __ R __ Z __ P __ F __ L __;

指令功能：切削进给执行到孔底时，执行暂停增加孔深后，刀具从孔底快速移动退回。

指令说明：请参照表 3-10 固定循环的指令说明。

循环过程：

(1)快速定位到 *XY* 平面的位置；

(2)快速下至 *R* 点平面；

(3)切削进给至孔底；

(4)若指令 P，暂停 P 时间；

(5)根据 G98 或 G99 快速返回到起始点或 *R* 点平面。指令轨迹如图 3-18 所示。

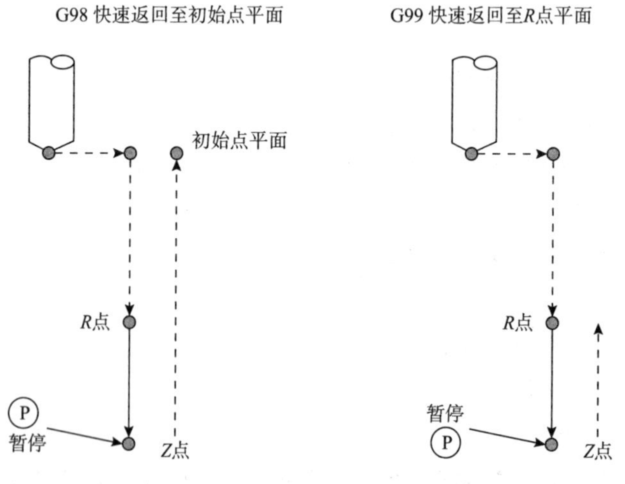

图 3-18　G82 指令轨迹

3.10.2.5 深孔加工循环 G83

指令格式：G98/G99 G83 X __ Y __ R __ Z __ Q __ F __ L __；

指令功能：该循环执行高速深孔加工，它执行间歇切削进给直到孔的底部，同时从孔中排除切屑。

指令说明：请参照表 3-10 固定循环的指令说明。

循环过程：

(1)快速定位到 *XY* 平面的位置；

(2)快速下至 *R* 点平面；

(3)切削进给 *Q* 距离；

(4)快速退回至 *R* 点平面；

(5)快速进刀至离末加工面 *d* 距离处；

(6)切削进给($Q+d$)距离；

(7)循环(4)(5)(6)直至到达 *Z* 轴加工到孔底；

(8)根据 G98 或 G99 快速返回起始点或 *R* 点平面。指令轨迹如图 3-19 所示。

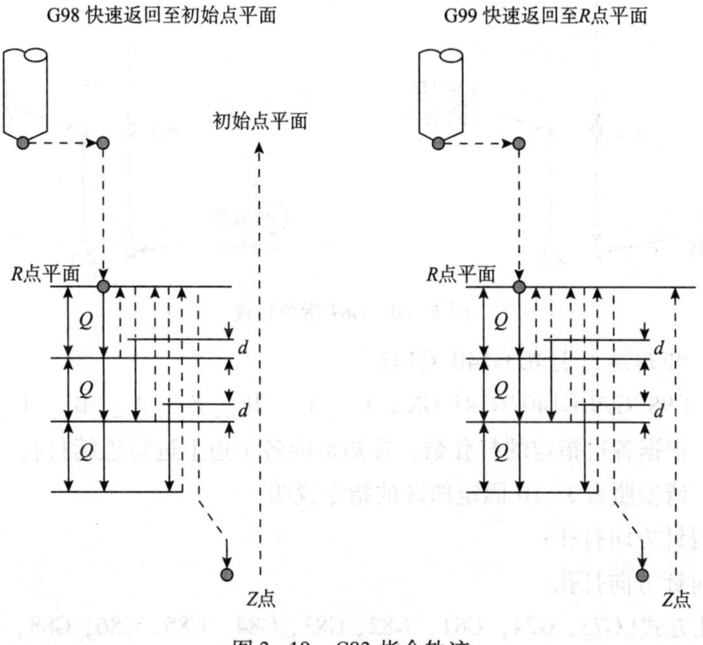

图 3-19 G83 指令轨迹

3.10.2.6 攻丝循环 G84

指令格式：G98/G99 G84 X __ Y __ R __ Z __ P __ F __ L __；

指令功能：此循环用于加工一个螺纹。主轴正转进行攻丝，到达孔底后反转返回。

指令说明：请参照表 3-10 固定循环的指令说明。

其中 F 表示牙距。取值范围：0.001 ~ 500.00mm（公制），0.06 ~ 25400 牙/英寸（英制）。

循环过程：

(1)快速定位到 *XY* 平面的位置；

(2)快速下至 R 点平面；

(3)攻丝至孔底；

(4)主轴停止；

(5)若指令 P，暂停 P 时间；

(6)主轴反转返回至 *R* 点平面；

(7)主轴停止；若指令 P，暂停 P 时间；

(8)主轴正转；

(9)若为 G98 则返回至起始点平面。指令轨迹如图 3-20 所示。

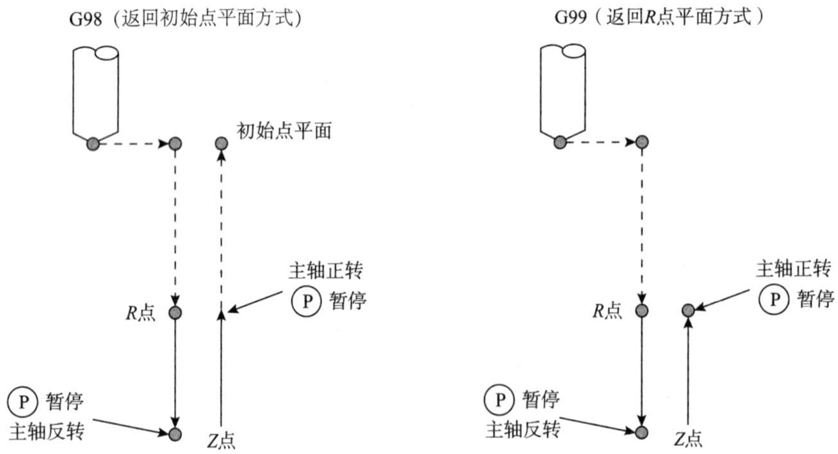

图 3-20　G84 指令轨迹

3.10.2.7　矩形连续打孔 G140/G141

指令格式：G98/G99 G140/G141 GXX X __ Y __ R __ Z __ A __ B __ J __ F __；

指令功能：根据各边指定的打孔数，在矩形的各个边上进行连续打孔。

指令说明：请参照表 3-10 固定循环的指令说明。

G140：顺时针方向打孔；

G141：逆时针方向打孔；

GXX：打孔方式(G73，G74，G81，G82，G83，G84，G85，G86，G88，G89)；

X，Y：第 1 条矩形边的终点坐标；

R：R 平面位置；

Z：孔深；

A：第 1、3 边上的打孔数；

B：第 2、4 边上的打孔数；

J：第 2 条边的长度；

F：切削进给速度。

例：矩形轨迹打孔，第 1 边的终点坐标为 X90，Y40；第 2 边的长度为 20mm；采用 G81 的打孔方式进行加工，要求第 1、3 边各打 3 个孔，2、4 各边打 2 个孔，孔深 25mm，如图 3-21 所示。

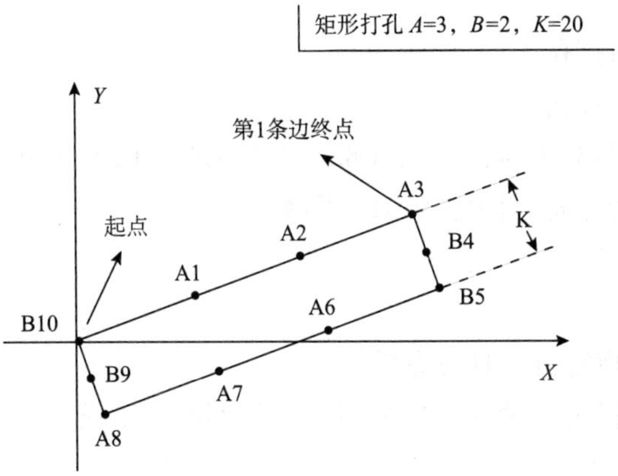

图 3-21　矩形打孔图

编程如下：

G90 G17 G0 X0 Y0 Z25；

M03；

G140 G81 X90 Y40 R5 Z -25 A3 B2 J20 F800；

G80 G0 X100 Y100 M05；

M30；

图中 A1 ~ A3、B4、B5、A6 ~ A8、B9、B10 为要求加工的 10 个孔。

注意事项：

(1)若在固定循环中指令有 G140 或 G141，则表明要进行矩形轨迹连续打孔。根据程序段中指令的 X、Y 坐标及 J 值来确定矩形数据，并根据打孔方式(固定循环指令)来进行连续打孔循环。

(2)各边打孔数 A、B 的最大指令值为 9999；指令负值无效。指令中有小数，小数部分舍掉；如果没有指令 A 或 B 则默认为 0。

(3)矩形由当前起点、第 1 边的终点及第 2 边的长度确定；没有指定第 1 边的终点，默认等同当前起点；没有指定第 2 边的长度(即没有指定 J)则报警。

(4)在连续打孔过程中，返回的平面都为 *R* 点平面，只有当加工完最后一个孔后才根据程序段中指令的 G98/G99 来返回相应的平面。

(5)固定循环 G110、G111、G112、G113、G114、G115、G134、G135、G136、G137、G138、G139 无连续打孔功能。

(6)指令 G140、G141、A、B、J 都只在当前程序段有效。如果指令了 G140、G141 但没有指令固定循环(打孔方式)指令，则报警；如果没有指定 G140 或 G140，但指定了 A、B、K，则 A、B、K 被忽略。

3.10.2.8　圆弧连续打孔 G142/G143

指令格式：G98/G99 G142/ G143 GXX X __ Y __ R __ Z __ B __(I __ J __)C __ F __

指令功能：根据指定的打孔数，在指定的圆弧上进行连续打孔。

指令说明：

G142—顺时针方向打孔；

G143—逆时针方向打孔；

GXX—打孔方式(G73，G74，G81，G82，G83，G84，G85，G86，G88，G89)；

X、Y—圆弧的终点坐标，固定为 G17 平面；

R—R 平面位置；

Z—孔深；

B—圆弧的半径，指定负值时为优弧；

(I __ J __)—当未指定 R 值时，以 I，J 值计算圆心及半径；

C—打孔个数；

F—切削进给速度；

相关参数：状态参数 No.0，5 的 Bit6

1—连续打孔的孔定位是以切削轨迹(G01 ~ G03)进行。

0—连续打孔的孔定位是以快速轨迹(G00)进行。

圆弧连续打孔图，如图 3-22 所示。示例：G91 G142 G81 X100 R50 Z -50 C4

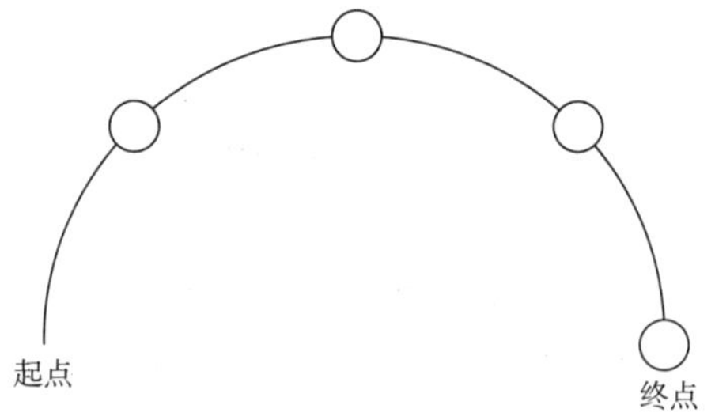

图 3-22　圆弧连续打孔图

注意事项：

(1)在连续打孔过程中，返回的平面都为 *R* 点平面，只有当加工完最后一个孔后才根据程序段中指令的 G98/G99 来返回相应的平面。

(2)固定循环 G110、G111、G112、G113、G114、G115、G134、G135、G136、G137、G138、G139 无连续打孔功能。

3.10.2.9　圆内凹槽粗铣 G110/G111

指令格式：G98/G99 G110/ G111 X __ Y __ R __ Z __ I __ W __ Q __ K __ V __ D __ F __；

指令功能：从圆心开始，以螺旋线方式进行多次圆弧插补，至加工出编程尺寸的圆凹槽。

指令说明：请参照表 3-10 固定循环的指令说明。

G110：逆时针圆内凹槽粗铣；

G111：顺时针圆内凹槽粗铣；

I：圆内槽半径，I 应大于当前刀具的半径；

W：Z 轴方向首次切深，是从 R 基准面向下的距离，应大于0(若首次切深超过槽底位置，则直接以槽底位置加工)；第一篇编程说明

Q：Z 轴方向每次的切深增量；

K：在 XY 面内切削的宽度增量，应小于刀具直径，大于0；

V：快速下刀时，离末加工面的距离，大于0；

D：刀具半径序号，取值范围为0～32，D0 默认为0。按给定的序号取当前刀具半径值。

循环过程：

(1)快速定位到 XY 平面的位置；

(2)快速下至 R 点平面；

(3)以切削速度向下切削 W 距离深度；

(4)中心向外每次按 K 值递增螺旋，铣完半径为 I 的圆面；

(5)Z 轴快速返回 R 基准面；

(6)X、Y 轴快速定位到圆心；

(7)Z 轴快速下降至离末加工面 V 的距离；

(8)Z 轴向下切削($Q+V$)的深度；

(9)循环(4)～(8)的动作，直至加工完总切深的圆面；

(10)根据指定 G98 或 G99 的不同，返回到初始点平面或 R 点平面。

指令轨迹如图 3-23 所示。

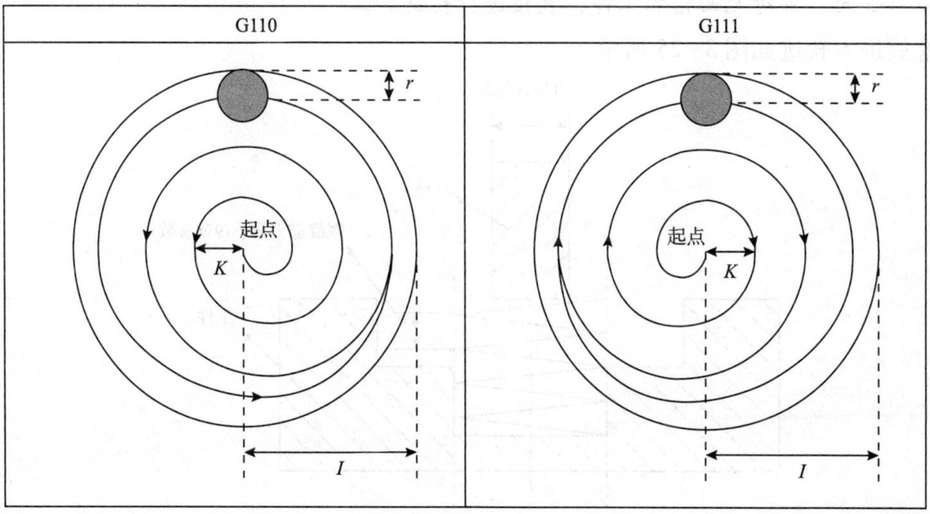

图 3-23　圆内凹槽粗铣指令轨迹

相关说明：

该循环下指令 P、L 无效，但会保留 P 值作为固定循环模态数值保存。

例：用固定循环 G111 指令粗铣一个圆内凹槽，如图 3-24 所示。

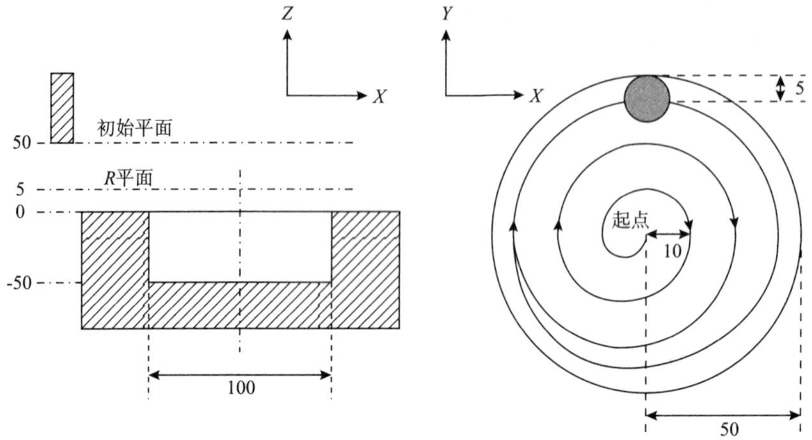

图 3-24　粗铣圆内凹槽实例

编程如下：

G90 G00 X50 Y50 Z50；（G00 快速定位）

G99 G111 X0 Y0 R5 Z－50 I50 W20 Q10 K10 V10 F800 D1；（进行圆内凹槽粗铣循环 D1＝5）

G80 X50 Y50 Z50；（取消固定循环，从 R 点平面返回）

M30；

注意：把 97#参数设置为大于 10 的值，则 G110，G111 在 Z 轴进刀切深时，将以螺旋线进刀。如此，可对无凹槽的工件，直接进行粗铣加工。

螺旋进刀轨迹如图 3-25 所示。

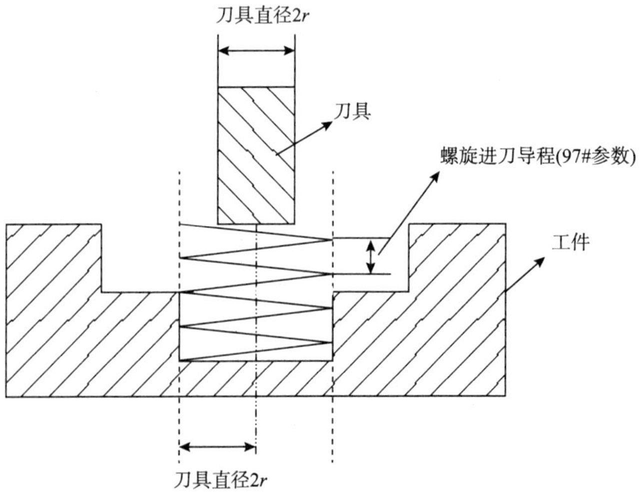

图 3-25　螺旋进刀轨迹

3.10.2.10　全圆内精铣循环 G112/G113

指令格式：G98/G99 G112/ G113 X __ Y __ R __ Z __ I __ J __ D __ F __；

指令功能：刀具以指定的半径值 I 及方向在圆内部精铣一个整圆，精铣完成后返回。

指令说明：请参照表 3-10 固定循环的指令说明。

G112：逆时针方向全圆内精铣循环。

G113：顺时针方向全圆内精铣循环。第一篇编程说明

I：精铣圆半径，取值范围 0 ~ 9999.999mm，当为负值时取其绝对值。

J：精铣起点与精铣圆圆心的距离，取值范围 0 ~ 9999.999mm，当为负值时取其绝对值。

D：刀具半径序号，取值范围为 0 ~ 32，D0 默认为 0。按给定的序号取当前刀具半径值。

循环过程：

(1) 快速定位到 *XY* 平面的位置；

(2) 快速下至 *R* 点平面；

(3) 切削进给至孔底；

(4) 以过渡弧 1 为轨迹进行圆弧插补；

(5) 以弧 2、弧 3 为轨迹进行整圆插补；

(6) 以过渡弧 4 为轨迹进行圆弧插补回到起点；

(7) 根据指定 G98 或 G99 的不同，返回到初始点平面或 *R* 点平面。

指令轨迹如图 3-26 所示。

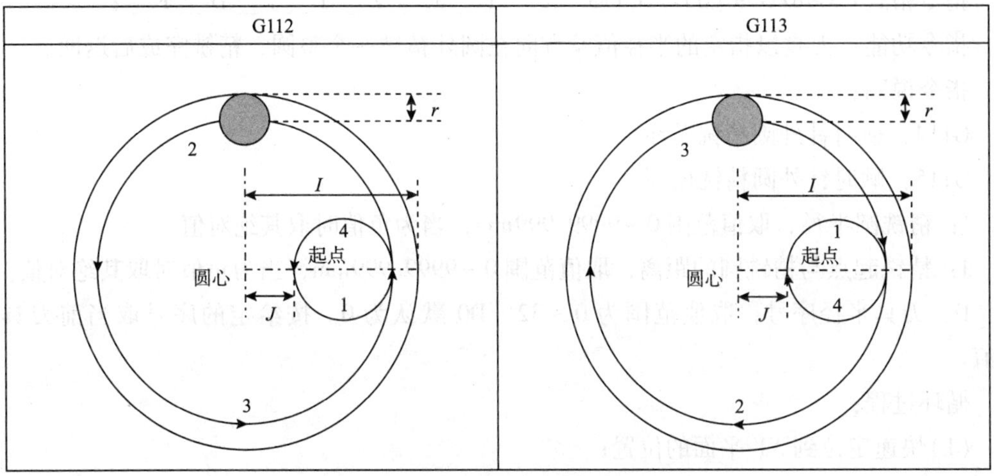

图 3-26　全圆内精铣循环进刀轨迹

相关说明：

该循环下指令 Q、P、L 无效，但会保留 Q、P 的值作为固定循环模态数值保存。

例：用固定循环 G112 指令，精铣如图 3-27 所示所示的已粗铣完的圆凹槽。

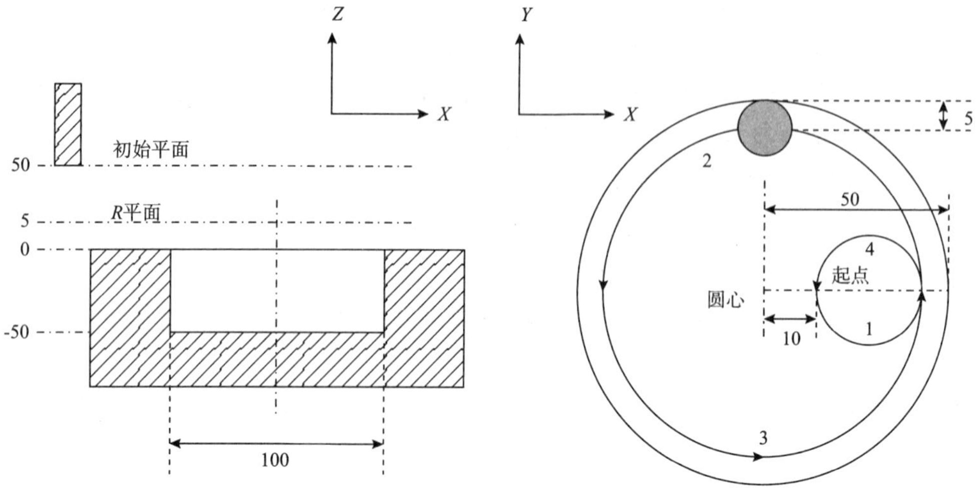

图 3-27　G112 精铣实例

程序如下：

G90 G00 X50 Y50 Z50；（G00 快速定位）

G99 G112 X0 Y0 R5 Z－50 I50 J10 F800 D1；（开始固定循环，下到孔底进行圆内精铣循环 D1＝5）

G80 X50 Y50 Z50；（取消固定循环，从 R 点平面返回）

M30；

3.10.2.11　外圆精铣循环 G114/G115

指令格式：G98/G99 G114/ G115　X＿Y＿R＿Z＿I＿J＿D＿F＿；

指令功能：刀具以指定的半径值及方向在圆外精铣一个整圆，精铣完成后返回。

指令说明：

G114：逆时针外圆精铣循环。

G115：顺时针外圆精铣循环。

I：精铣圆半径，取值范围 0～9999.999mm，当为负值时取其绝对值。

J：精铣起点与精铣圆的距离，取值范围 0～9999.999mm，当为负值时取其绝对值。

D：刀具半径序号，取值范围为 0～32，D0 默认为 0。按给定的序号取当前刀具半径值。

循环过程：

（1）快速定位到 *XY* 平面的位置；

（2）快速下至 *R* 点平面；

（3）切削进给至孔底；

（4）以过渡弧 1 为轨迹进行圆弧插补；

（5）以弧 2、弧 3 为轨迹进行整圆插补；

（6）以过渡弧 4 为轨迹进行圆弧插补回到起点；

(7)根据指定 G98 或 G99 的不同，返回到初始点平面或 R 点平面。

外圆粗铣循环轨迹如图 3-28 所示。

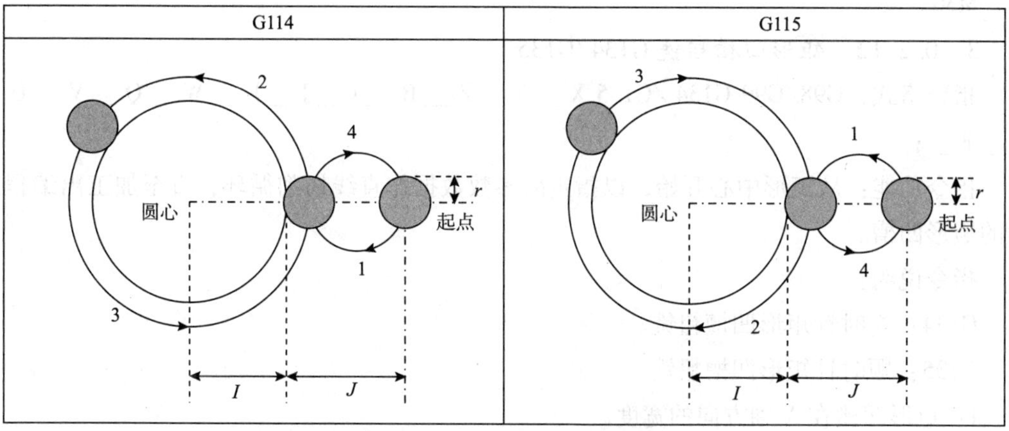

图 3-28　外圆粗铣循环轨迹

相关说明：

(1)外圆精铣时，过渡弧与精铣弧的插补方向不一致，指令说明中的插补方向指精铣弧的插补方向。

(2)该循环下指令 Q、P、L 无效，但会保留 Q、P 的指令值作为固定循环模态数值保存。

用固定循环 G114 指令，精铣已粗铣完的圆凹槽。外圆粗铣循环实例如图 3-29 所示。

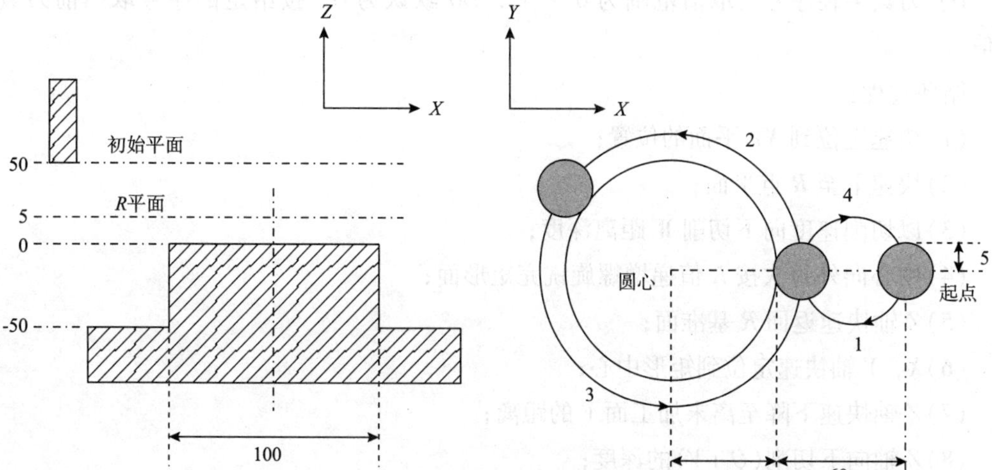

图 3-29　外圆粗铣循环实例

程序如下：

G90 G00 X50 Y50 Z50；(G00 快速定位)

G99 G114 X0 Y0 R5 Z -50 I50 J60 F800 D1；(开始固定循环，下到孔底进行外圆精铣

循环 D1 =5)

G80 X50 Y50 Z50;(取消固定循环，从 R 点平面返回)

M30;

3.10.2.12　矩形凹槽粗铣 G134/G135

指令格式：G98/G99 G134 /G135 X __ Y __ Z __ R __ I __ J __ K __ W __ Q __ V __ U __ D __ F __;

指令功能：从矩形中心开始，以指定的参数数据作直线切削循环，直至加工出编程尺寸的矩形凹槽。

指令说明：

G134：逆时针矩形凹槽粗铣。

G135：顺时针矩形凹槽粗铣。

I：矩形凹槽在 *X* 轴方向的宽度。

J：矩形凹槽在 *Y* 轴方向的宽度。

K：在 *XY* 面内切削的宽度增量，应小于刀具直径，大于 0。

W：*Z* 轴方向首次切深，是从 *R* 基准面向下的距离，应大于 0(若首次切深超过槽底位置，则直接以槽底位置加工)。

Q：*Z* 轴方向每次的切深增量。

V：快速下刀时，离末加工面的距离，大于 0。

U：转角圆弧半径，省略则表示无转角圆弧过渡。

D：刀具半径序号，取值范围为 0 ~ 32，D0 默认为 0。按给定的序号取当前刀具半径值。

循环过程：

(1)快速定位到 *XY* 平面的位置；

(2)快速下至 *R* 点平面；

(3)以切削速度向下切削 *W* 距离深度；

(4)中心向外每次按 *K* 值递增螺旋铣完矩形面；

(5)*Z* 轴快速返回 *R* 基准面；

(6)*X*，*Y* 轴快速定位到矩形中心；

(7)*Z* 轴快速下降至离末加工面 *V* 的距离；

(8)*Z* 轴向下切削($Q+V$)的深度；

(9)循环(4) ~ (8)的动作，直至加工完总切深的圆面；

(10)根据指定 G98 或 G99 的不同，返回到初始点平面或 R 点平面。

矩形凹槽粗铣指令轨迹如图 3-30 所示。

相关说明：该循环下指令 P、L 无效，但会保留 P 指令值作为固定循环模态数值保存。

例：用固定循环 G134 指令粗铣一个矩形内凹槽，如图 3-31 所示。

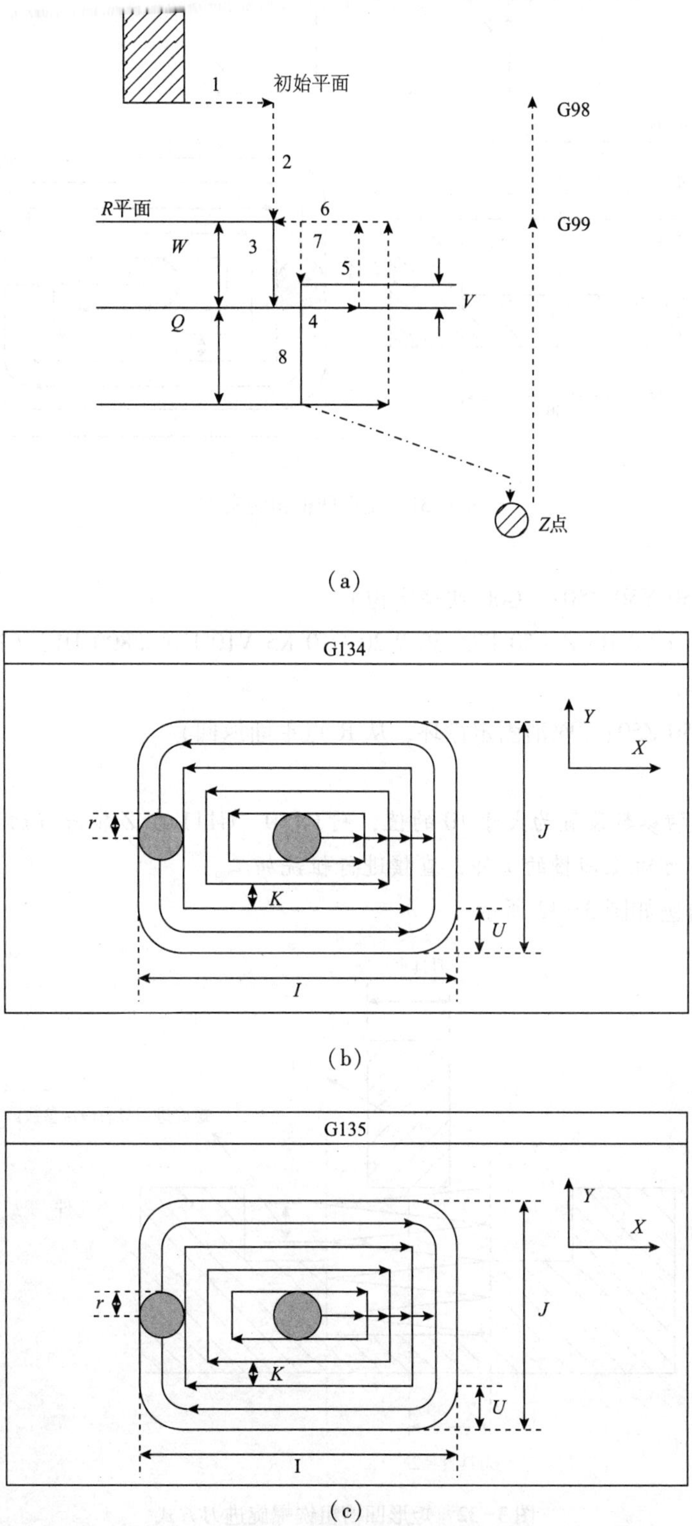

图3－30 矩形凹槽粗铣指令轨迹

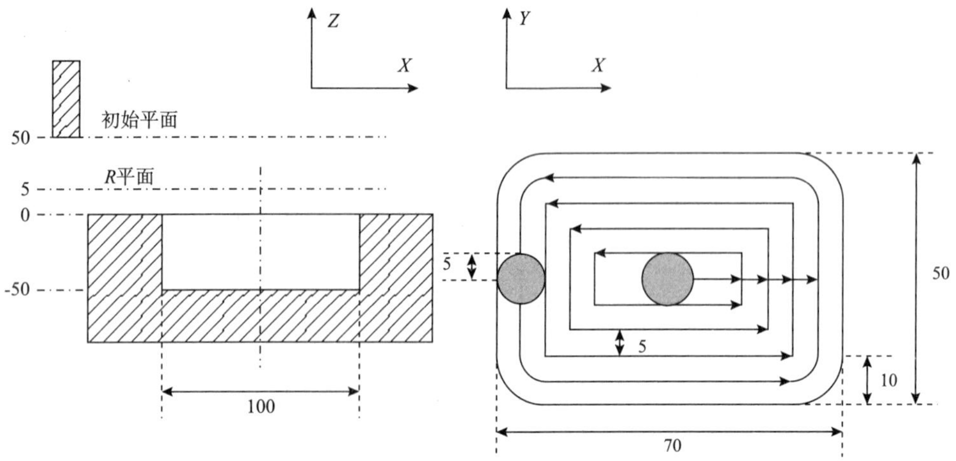

图 3-31　矩形凹槽粗铣实例

程序如下：

G90 G00 X50 Y50 Z50；（G00 快速定位）

G99 G134 X0 Y0 R5 Z－50 I70 J50 W20 Q10 K5 V10 U10 F800 D1；（进行矩形内凹槽粗铣循环 D1＝5）

G80 X50 Y50 Z50；（取消固定循环，从 R 点平面返回）

M30；

注意：把 97#参数设置为大于 10 的值，则 G110、G111 在 *Z* 轴进刀切深时，将以螺旋线进刀。如此，可对无凹槽的工件，直接进行粗铣加工。

螺旋进刀轨迹如图 3-32 所示。

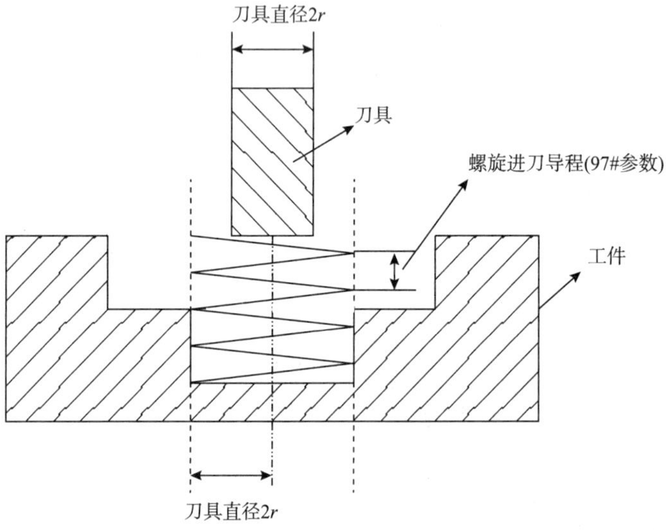

图 3-32　矩形凹槽粗铣螺旋进刀方式

3.10.2.13 矩形凹槽内精铣循环 G136/G137

指令格式：G98/G99 G136 /G137 X __ Y __ R __ Z __ I __ J __ D __ K __ U __ F __；

指令功能：刀具以指定的宽度及方向在矩形内部精铣，精铣完成后返回。

指令说明：请参照表 3-10 固定循环的指令说明。

G136：逆时针矩形凹槽内精铣循环。

G137：顺时针矩形凹槽内精铣循环。

I：矩形 *X* 轴方向的宽度，取值范围 0 ~ 9999.999mm。

J：矩形 *Y* 轴方向的宽度，取值范围 0 ~ 9999.999mm。

D：刀具半径序号，取值范围为 0 ~ 32，D0 默认为 0。按给定的序号取当前刀具半径值。

K：精铣起点与矩形边 *X* 轴方向的距离，取值范围 0 ~ 9999.999mm。

U：转角圆弧半径，省略则表示无转角圆弧过渡。U 省略或 U = 0 且刀具半径 > 0，则报警。

循环过程：

(1)快速定位到 *XY* 平面的位置；

(2)快速下至 *R* 点平面；

(3)切削进给至孔底；

(4)从起点以过渡弧 1 为轨迹进行圆弧插补；

(5)以 2 - 3 - 4 - 5 - 6 为轨迹进行直线及圆弧插补；

(6)以过渡弧 7 为轨迹进行圆弧插补回到起点；

(7)根据指定 G98 或 G99 的不同，返回到初始点平面或 *R* 点平面。

矩形凹槽粗精铣指令轨迹如图 3-33 所示。

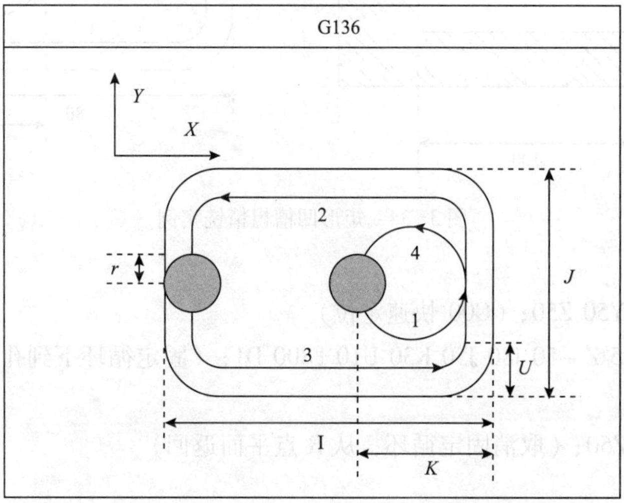

图 3-33(a) 矩形凹槽粗精铣指令轨迹

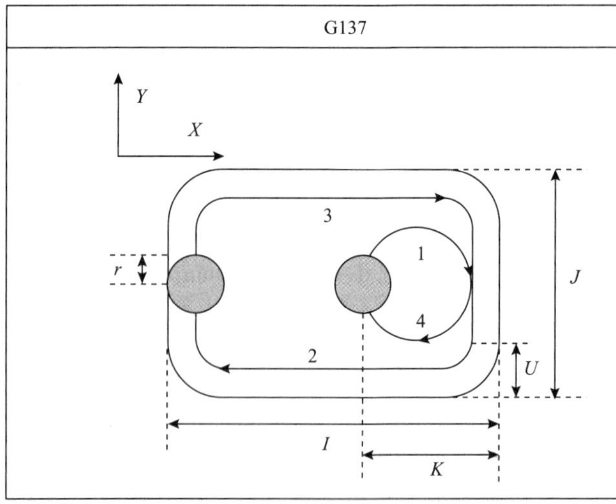

图 3-33(b)　矩形凹槽粗精铣指令轨迹

相关说明：

该循环下指令 Q、P、L 无效，但会保留 Q，P 的指令值作为固定循环模态数值保存。

例：用固定循环 G136 指令，精铣已粗铣完的圆凹槽，如图 3-34 所示。

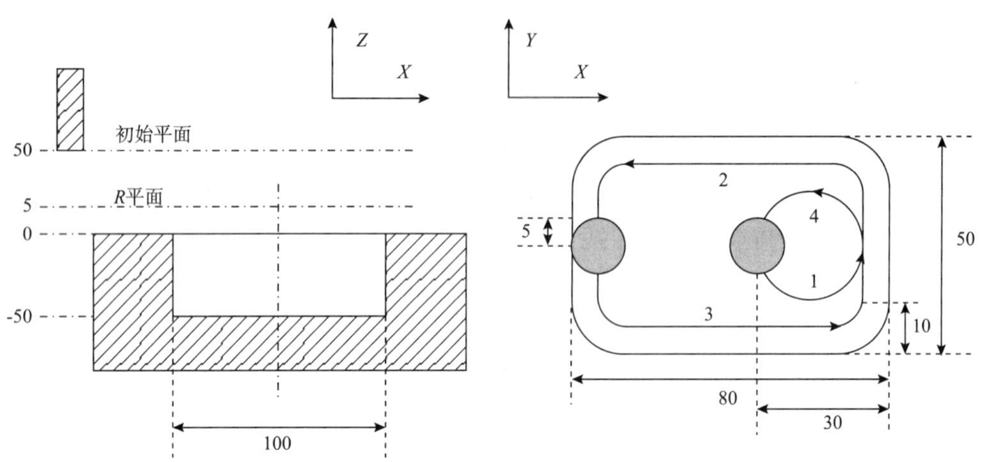

图 3-34　矩形凹槽粗精铣实例

程序如下：

G90 G00 X50 Y50 Z50；（G00 快速定位）

G136 X0 Y0 R5 Z－50 I80 J50 K30 U10 F800 D1；（固定循环下到孔底进行矩形凹槽内精铣 D1＝5）

G80 X50 Y50 Z50；（取消固定循环，从 R 点平面返回）

M30；

3.10.2.14　矩形外精铣循环 G138/G139

指令格式：G98/G99 G138/ G139 X __ Y __ R __ Z __ I __ J __ D __ K __ U __ F __；

指令功能：刀具以指定的宽度及方向在矩形外部精铣，精铣完成后返回。

指令说明：

G138：逆时针矩形外精铣循环。

G139：顺时针矩形外精铣循环。

I：矩形 *X* 轴方向的宽度，取值范围 0～9999.999mm。

J：矩形 *Y* 轴方向的宽度，取值范围 0～9999.999mm。

D：刀具半径序号，取值范围为 0～32，D0 默认为 0。按给定的序号取当前刀具半径值。

K：精铣起点与矩形边 *X* 轴方向的距离，取值范围 0～9999.999mm。

U：转角圆弧半径，省略则表示无转角圆弧过渡。

循环过程：

(1)快速定位到 *XY* 平面的位置；

(2)快速下至 *R* 点平面；

(3)切削进给至孔底；

(4)从起点以过渡弧 1 为轨迹进行圆弧插补；

(5)以 2－3－4－5－6 为轨迹进行直线及圆弧插补；

(6)以过渡弧 7 为轨迹进行圆弧插补回到起点；

(7)根据指定 G98 或 G99 的不同，返回到初始点平面或 *R* 点平面。

矩形外精铣循环指令轨迹如图 3-35 所示。

相关说明：

(1)矩形外精铣时，过渡弧与精铣弧的插补方向不一致，指令说明中的插补方向指精铣弧的插补方向。

(2)该循环下指令 Q、P、L 无效，但会保留 Q，P 的值作为固定循环模态数值保存。

例：用固定循环 G138 指令，精铣已粗铣完的圆凹槽，如图 3-36 所示。

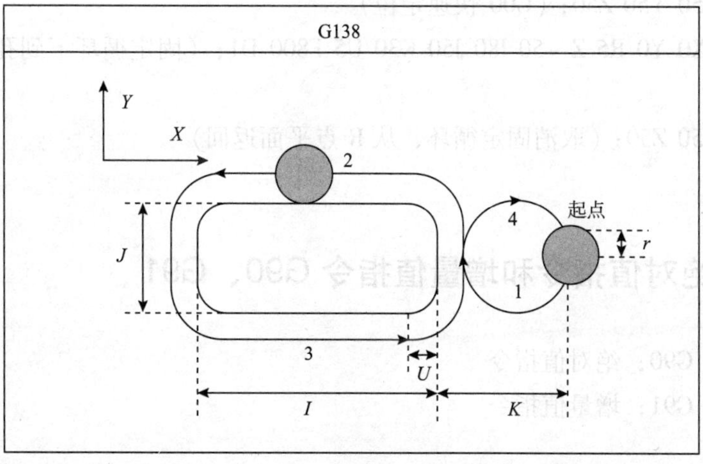

图 3-35(a)　矩形外精铣循环指令轨迹

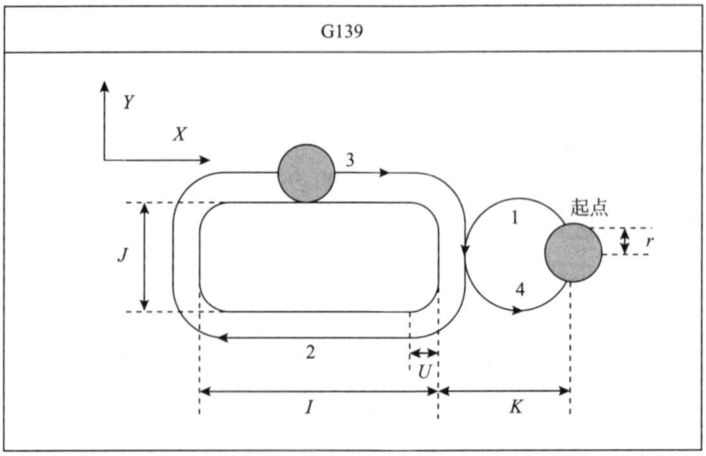

图 3-35(b)　矩形外精铣循环指令轨迹

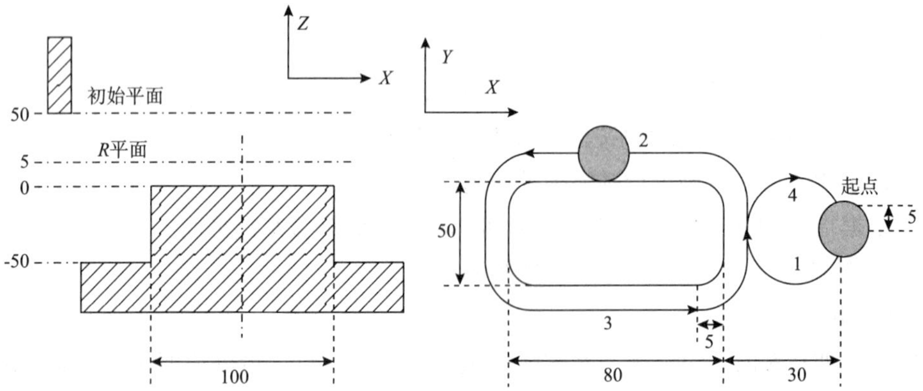

图 3-36　矩形外精铣循环实例

程序如下：

G90 G00 X50 Y50 Z50；(G00 快速定位)

G99 G138 X0 Y0 R5 Z-50 I80 J50 K30 U5 F800 D1；(固定循环下到孔底进行矩形外精铣 D1=5)

G80 X50 Y50 Z50；(取消固定循环，从 R 点平面返回)

M30；

3.11　绝对值指令和增量值指令 G90、G91

指令格式：G90；绝对值指令

　　　　　G91；增量值指令

指令功能：

作为指令轴移动量的方法，有绝对值指令和增量值指令两种方法。绝对值指令是用轴移动的终点位置的坐标值进行编程的方法。增量值指令是用轴移动量直接编程的方法。绝对值指令和增量值指令分别用 G90 和 G91 指令。

绝对值指令和增量值指令实例如图 3-37 所示。

使用绝对值指令编程和增量值指令进行编程。

程序如下：

G90 X40.0 Y70.0 ；或 G91 X -60.0 Y40.0 ；

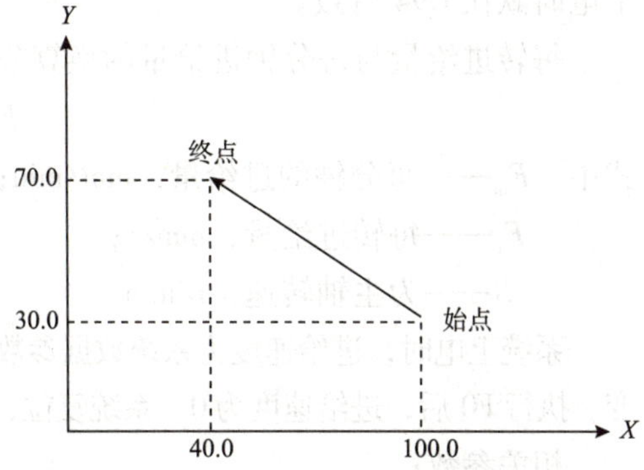

图 3-37 绝对值指令和增量值指令实例

3.12 工件坐标系设定 G92

指令格式：G92 X __ Y __ Z __；

指令功能：设置当前位置的绝对坐标，通过设置当前位置的绝对坐标在系统中建立工件坐标系(也称浮动坐标系)。工件坐标系建立后，绝对坐标编程按这个坐标系输入坐标值，直至再次执行 G92 建立新的工件坐标系。

指令说明：G92 为非模态 G 指令；

X：当前位置新的 *X* 轴绝对坐标；

Y：当前位置新的 *Y* 轴绝对坐标；

Z：当前位置新的 *Z* 轴绝对坐标。

注意：G92 指令中，X、Y、Z 均未输入时，不改变当前坐标值，把当前点坐标值设定为程序零点；未输入 X、Y 或 Z 时，未输入的坐标轴保持原来设定值。

3.13 每分钟进给 G94、每转进给 G95

指令格式：G94 FXXXX；(F0001 ~ F8000，前导零可省略，给定进给速度，mm/min)

指令功能：以 mm/min 为单位给定切削进给速度，G94 为模态 G 指令。如果当前为 G94 模态，可以不输入 G94。

指令格式：G95 FXXXX；(F0.0001 ~ F500，前导零可省略)

指令功能：以 mm/r 为单位给定切削进给速度，G95 为模态 G 指令。如果当前为 G95 模态，可以不输入 G95。系统执行 G95 FXXXX 时，把 F 指令值(mm/r)与当前主轴转速(r/min)的乘积作为指令进给速度控制实际的切削进给速度，主轴转速变化时，实际的切削进给速度随着改变。使用 G95 FXXXX 给定主轴每转的切削进给量，可以在工件表面形成均匀的切削纹路。在 G95 模态进行加工，机床必须安装主轴编码器。

G94、G95 为同组的模态 G 指令，同一时刻仅能一个有效。G94 为初态 G 指令，系统上电时默认 G94 有效。

每转进给量与每分钟进给量的换算公式：

$$F_m = F_r \times S \tag{3-6}$$

式中 F_m——每分钟的进给量，mm/min；

F_r——每转进给量，mm/r；

S——为主轴转速，r/min。

系统上电时，进给速度为系统数据参数 No.030 设定的值，执行 F 指令后，F 指令值保持不变。执行 F0 后，进给速度为 0。系统复位、急停时，F 指令值保持不变。进给倍率掉电记忆。

相关参数：

(1)系统数据参数 No.029：切削进给和手动进给时指数加减速时间常数；

(2)系统数据参数 No.030：切削进给时的指数加减速的低速下限值；

(3)系统数据参数 No.031：切削进给速率的上限值(X 轴、Y 轴、Z 轴相同)。

注意：在 G95 模态，当主轴转速低于 1r/min 时，切削进给速度会出现不均匀的现象；主轴转速出现波动时，实际的切削进给速度会存在跟随误差。为了保证加工质量，建议加工时选择的主轴转速不能低于主轴伺服或变频器输出有效力矩的最低转速。

3.14 刀具返回动作指令 G98、G99

指令格式：G98；G99；

指令功能：

G98：孔加工返回动作时，刀具返回到初始点平面。

G99：孔加工返回动作时，刀具返回到 R 点平面。

指令说明：模态 G 指令。

请参照固定循环指令的说明。G98 和 G99 指令功能如图 3-38 所示。

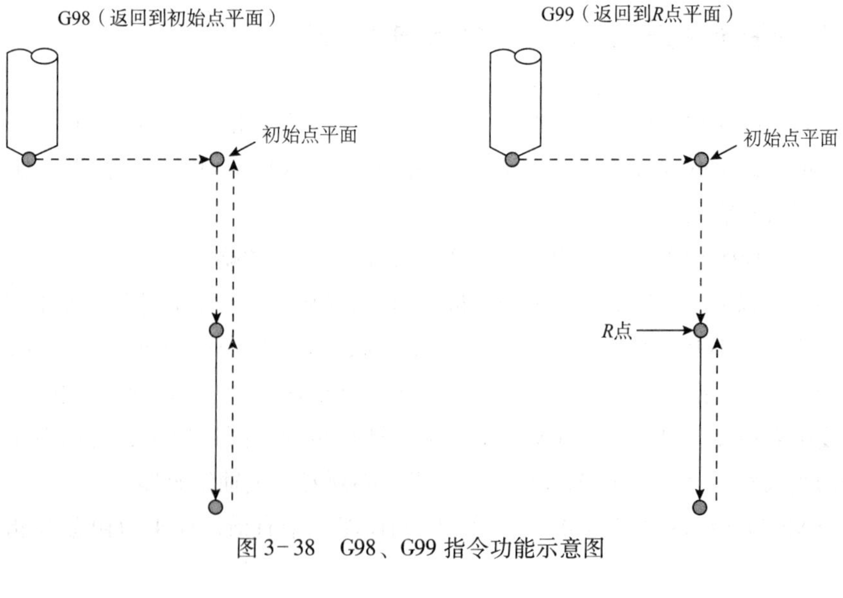

图 3-38 G98、G99 指令功能示意图

第 4 章　数控车床编程基础

4.1　GSK980TDa 介绍

广州数控研制的新一代普及型车床 CNC GSK980TDa 采用了 32 位高性能 CPU 和超大规模可编程器件 FPGA，运用实时多任务控制技术和硬件插补技术，实现 μm 级精度运动控制和 PLC 逻辑控制。GSK980TDa 车床 CNC 外观如图 4-1 所示。

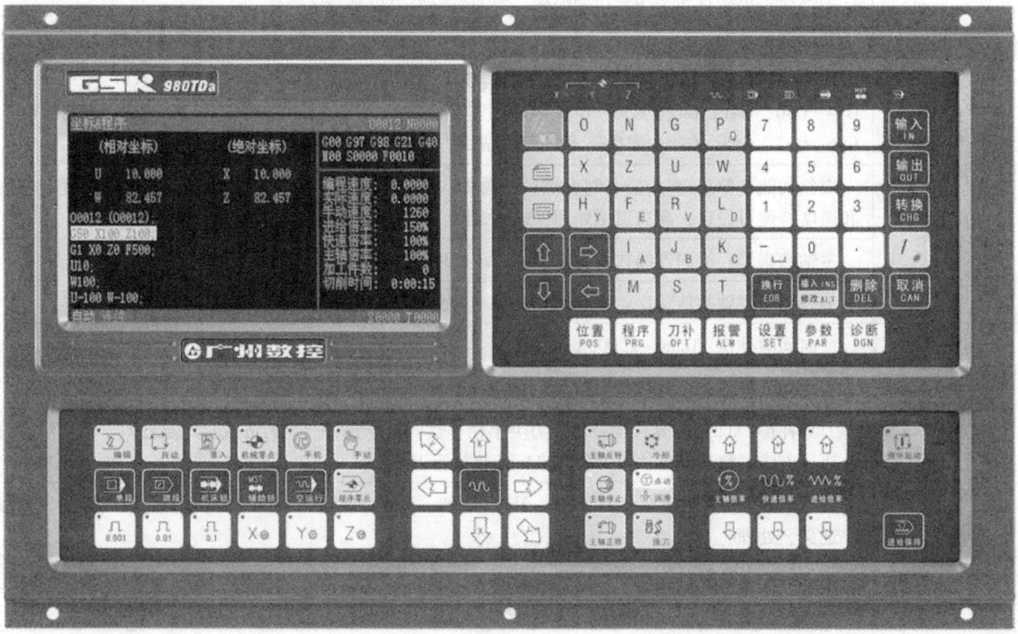

图 4-1　GSK980TDa 车床 CNC 外观图

产品技术特点：

X、*Z* 两轴控制，*X*、*Z* 两轴联动，0.001mm 插补精度，最高速度 30m/min，支持直线、圆弧插补；最小指令单位 0.001mm，指令电子齿轮比(1 ~ 32767)/(1 ~ 32767)，具有螺距误差补偿、反向间隙补偿、刀具长度补偿、刀具磨损补偿、刀尖半径补偿功能。

内置式 PLC，梯形图在 PC 机上编辑后下载至 CNC，采用 S 型、指数型加减速控制，适应高速、高精加工；具有攻丝功能，可车削公英制单头/多头直螺纹、锥螺纹、端面螺纹，变螺距螺纹，螺纹退尾长度、角度和速度特性可设定，高速退尾处理；支持公制/英制编程，具有自动倒角功能、刀具寿命管理功能；零件程序全屏幕编辑，可存储 6144KB、

384个零件程序；集成中文、英文和西班牙文等显示界面，由参数选择；提供多级操作密码功能，方便设备管理；支持CNC与CNC、PC双向通讯，CNC软件、PLC程序可通讯升级。技术规格如表4-1所示，G指令如表4-2所示。

表4-1 技术规格一览表

运动控制	控制轴：X轴、Z轴、Y轴；同时控制轴（插补轴）：2轴（X、Z）
	插补功能：X、Z二轴直线、圆弧插补
	位置代码范围：-9999.999mm～9999.999mm；最小代码单位：0.001mm
	电子齿轮：代码倍乘系数1～32767，代码分频系数1～32767
	快速移动速度：最高60000mm/min 快速倍率：F0、25%、50%、100%四级实时调节
	切削进给速度：最高15000mm/min或500mm/r（每转进给）进给倍率：0～150%十六级实时调节
运动控制	手动进给速度：0mm/min～1260mm/min 十六级实时调节
	手轮进给：0.001mm、0.01mm、0.1mm三挡
	加减速：快速移动采用S型加减速，切削进给采用指数型加减速
	自动倒角功能
G代码	33种G代码：G00、G01、G02、G03、G04、G10、G11、G20、G21、G28、G30、G32、G33、G34、G40、G41、G42、G50、G65、G70、G71、G72、G73、G74、G75、G76、G90、G92、G94、G96、G97、G98、G99，宏代码G65可完成27种算术、逻辑运算及跳转
螺纹加工	攻丝功能；单头/多头公英制直螺纹、锥螺纹、端面螺纹；变螺距螺纹。螺纹退尾长度、角度和速度特性可设定，高速退尾处理；螺纹螺距：0.001～500mm或0.06～25400牙/英寸
	主轴编码器：编码器线数可设定（100p/r～5000p/r）
	编码器与主轴的传动比：（1～255）:（1～255）
精度补偿	反向间隙补偿：0mm～2.000mm
	螺距误差补偿：255个补偿点/轴，每点补偿量：±0.255mm×补偿倍率
	刀具补偿：32组刀具长度补偿、刀尖半径补偿（补偿方式C）对刀方式：定点对刀、试切对刀刀补执行方式：移动刀具执行刀补、坐标偏移执行刀补
M代码	特殊M代码（不可重定义）：M02、M30、M98、M99、M9000～M9999其它M□□代码由PLC程序定义、处理
	标准PLC程序已定义的M代码：M00、M03、M04、M05、M08、M09、M10、M11、M12、M13、M32、M33、M41、M42、M43、M44
T代码	最多32个刀位（T01□□～T32□□），换刀控制时序由PLC程序实现；使用排刀时，刀位数设为1，PLC不进行换刀控制；具备刀具寿命管理功能
主轴转速控制	转速开关量控制模式：S□□代码由PLC程序定义、处理，标准PLC程序S1、S2、S3、S4直接输出，S0关闭S1、S2、S3、S4的输出
	转速模拟电压控制模式：S代码给定主轴每分钟转速或切削线速度（恒线速控制），输出0～10V电压给主轴变频器，主轴无级变速，支持四档主轴机械档位
PLC功能	9种基本代码，23种功能代码；二级PLC程序，最多5000步，每步处理时间2μs，第1级程序刷新周期8ms；各轴均可定义为PLC控制轴；可提供梯形图编辑软件，PLC程序通讯下载
	集成机床面板：41点输入（按键）、42点输出（LED）I/O口：16点输入/16点输出，可扩展至32点输入/32点输出

续表

界面显示	显示器：480 ×234 点阵、7″彩色宽屏液晶显示器（LCD）
	显示方式：中文或英文显示界面由参数设置，可显示加工轨迹图形
程序编辑	程序容量：6144KB、最多384 个程序，支持带参数的用户宏程序调用，子程序四重嵌套
	编辑方式：全屏幕编辑。支持语句式宏代码编程；支持相对坐标、绝对坐标和混合坐标编程
通讯	CNC 与 PC 机、CNC 与 CNC 双向传送程序、参数，支持系统软件、PLC 程序串行口下载升级
适配驱动	脉冲 + 方向信号输入的 DA98 系列数字式交流伺服或 DY3 系列步进驱动装置

表 4-2　G 指令

G 指令	功　能	G 指令	功　能
G00	快速定位	G50	设置工件坐标系
G01	直线插补	G65	宏代码
G02	顺时针圆弧插补	G70	精加工循环
G03	逆时针圆弧插补	G71	轴向粗车循环
G04	暂停、准停	G72	径向粗车循环
G10	数据输入方式有效	G73	封闭切削循环
G11	取消数据输入方式	G74	轴向切槽循环
G20	英制单位选择	G75	径向切槽循环
G21	公制单位选择	G76	多重螺纹切削循环
G28	自动返回机械零点	G90	轴向切削循环
G30	回机床第 2、3、4 参考点	G92	螺纹切削循环
G32	等螺距螺纹切削	G94	径向切削循环
G33	Z 轴攻丝循环	G96	恒线速控制
G34	变螺距螺纹切削	G97	取消恒线速控制
G40	取消刀尖半径补偿	G98	每分进给
G41	刀尖半径左补偿	G99	每转进给
G42	刀尖半径右补偿		

4.2　机床数控系统和数控机床

数控机床是由机床数控系统（Numerical Control Systems of Machine Tools）、机械、电气控制、液压、气动、润滑和冷却等子系统（部件）构成的机电一体化产品，机床数控系统是数控机床的控制核心。机床数控系统由控制装置（Computer Numerical Controler，简称 CNC）、伺服（或步进）电机驱动单元、伺服（或步进）电机等构成。

数控机床的工作原理：根据加工工艺要求编写加工程序（以下简称程序）并输入 CNC，CNC 按加工程序向伺服（或步进）电机驱动单元发出运动控制代码，伺服（或步进）电机通过机械传动机构完成机床的进给运动；程序中的主轴启停、刀具选择、冷却和润滑等逻辑控制代码由 CNC 传送给机床电气控制系统，由机床电气控制系统完成按钮、开关、指示灯、继电器和接触器等输入输出器件的控制。目前机床电气控制通常采用可编程逻辑控制器(Programable Logic Controler，简称 PLC)，PLC 具有体积小、应用方便和可靠性高等优点。由此可见，运动控制和逻辑控制是数控机床的主要控制任务。

GSK980TDa 车床 CNC 同时具备运动控制和逻辑控制功能，可完成数控车床的二轴运动控制，还具有内置式 PLC 功能。根据机床的输入和输出控制，编写 PLC 程序(梯形图)并下载到 GSK980TDa，就能实现所需的机床电气控制要求，方便了机床电气设计，也降低了数控机床成本。

实现 GSK980TDa 车床 CNC 控制功能的软件分为系统软件(以下简称 NC)和 PLC 软件(以下简称 PLC)两个模块，NC 模块完成显示、通讯、编辑、译码、插补和加减速等控制，PLC 模块完成梯形图解释、执行和输入输出处理。

编程就是把零件的外形尺寸、加工工艺过程、工艺参数和刀具参数等信息，按照 CNC 专用的编程代码编写加工程序的过程。数控加工就是 CNC 按加工程序的要求，控制机床完成零件加工的过程。数控加工的工艺流程如图 4-2 所示。

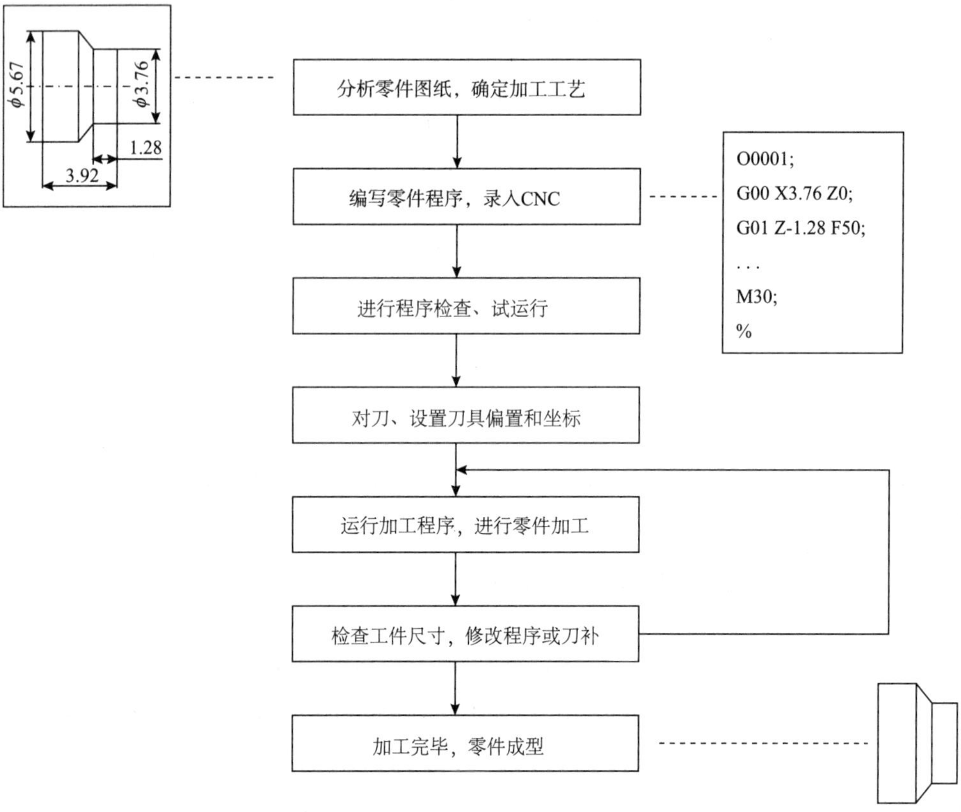

图 4-2　数控加工的工艺流程

4.3 编程基本知识

4.3.1 坐标轴定义

数控车床示意图如图 4-3 所示。

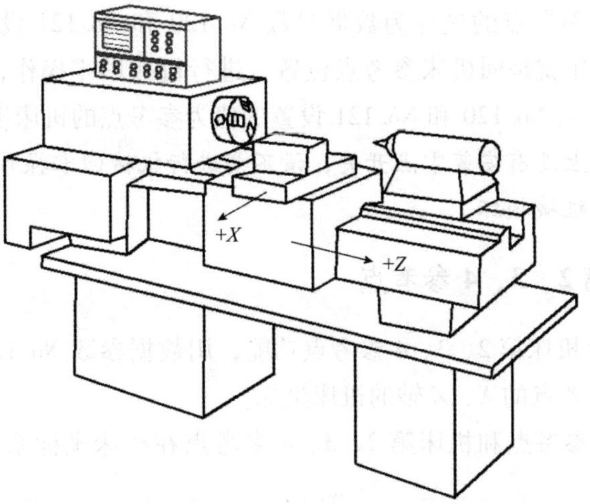

图 4-3 数控车床示意图

GSK980TDa 使用 X 轴、Z 轴组成的直角坐标系，X 轴与主轴轴线垂直，Z 轴与主轴轴线方向平行，接近工件的方向为负方向，离开工件的方向为正方向。

按刀座与机床主轴的相对位置划分，数控车床有前刀座坐标系和后刀座坐标系，图 4-4为前刀座的坐标系，图 4-5 为后刀座的坐标系。从图中可以看出，前、后刀座坐标系的 X 轴方向正好相反，而 Z 轴方向是相同的。在以后的图示和例子中，用前刀座坐标系来说明编程的应用。

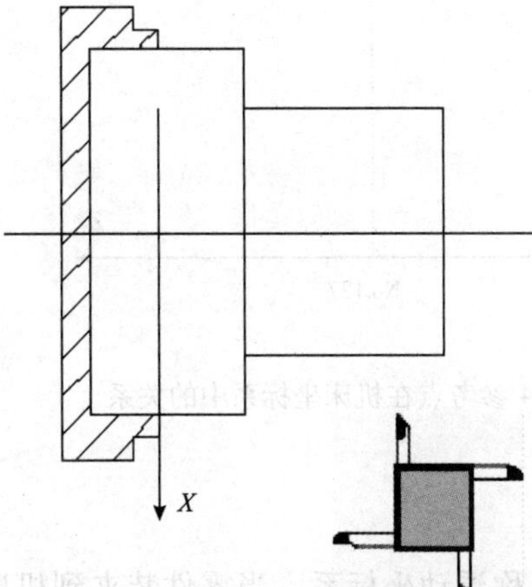

图 4-4 前刀座的坐标系

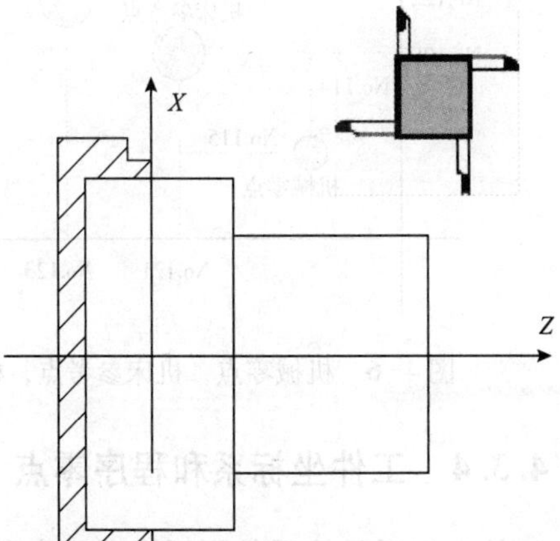

图 4-5 后刀座的坐标系

4.3.2 机床坐标系、机械零点和机床参考点

机床坐标系是 CNC 进行坐标计算的基准坐标系，是机床固有的坐标系。机械零点是机床上的一个固定点，由安装在机床上的零点开关或回零开关决定。通常情况下回零开关安装在 X 轴和 Z 轴正方向的最大行程处。机床参考点是机械零点偏移数据参数 No. 114 和 No. 115 的值后的位置。当数据参数 No. 114 和 No. 115 的设置值均为 0 时，机床参考点与机械零点重合。机床参考点的坐标为数据参数 No. 120 和 No. 121 设置的值。执行机械回零、G28 指令回零操作就是回机床参考点位置。进行机械回零操作，回到机床参考点后，GSK980TDa 建立了就以 No. 120 和 No. 121 设置的值为参考点的机床坐标系。

注意：如果车床上没有安装零点开关，请不要进行机械回零操作，否则可能导致运动超出行程限制并引起机械损坏。

4.3.3 机床第 2、3、4 参考点

GSK980TDa 具有机床第 2、3、4 参考点功能，用数据参数 No. 122 ~ No. 127 可分别设置机床第 2、3、4 参考点的 X、Z 轴的机床坐标。

机械零点、机床参考点和机床第 2、3、4 参考点在机床坐标系中的关系，如图 4-6 所示。

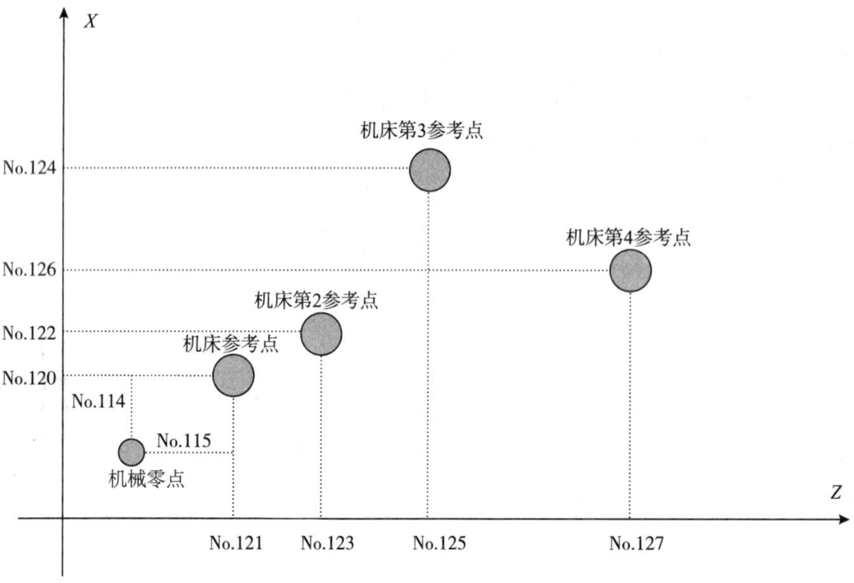

图 4-6 机械零点，机床参考点，机床第 2、3、4 参考点在机床坐标系中的关系

4.3.4 工件坐标系和程序零点

工件坐标系是按零件图纸设定的直角坐标系，又称浮动坐标系。当零件装夹到机床上后，根据工件的尺寸用 G50 指令设置刀具当前位置的绝对坐标，在 CNC 中建立工件坐标

系。通常工件坐标系的 Z 轴与主轴轴线重合，X 轴位于零件的首端或尾端。工件坐标系一旦建立便一直有效，直到被新的工件坐标系所取代。用 G50 设定工件坐标系的当前位置称为程序零点，执行程序回零操作后就回到此位置，如图 4-7 所示。

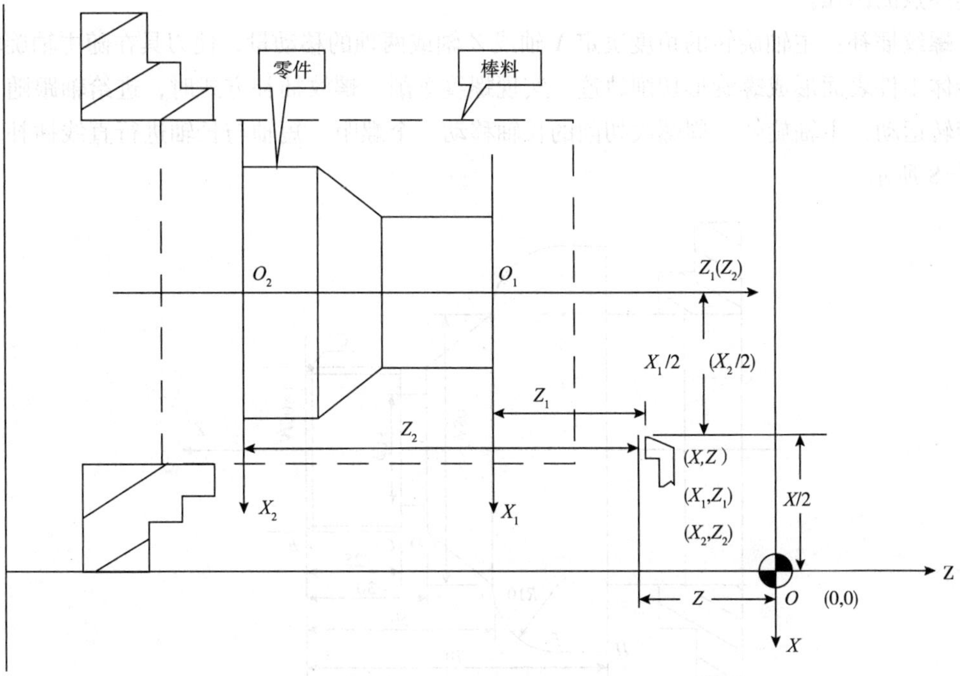

图 4-7 工件坐标系和程序零点的关系

注意：在上电后如果没有用 G50 指令设定工件坐标系，请不要执行回程序零的操作，否则会产生报警。

图 4-7 中，XOZ 为机床坐标系，$X_1O_1Z_1$ 为 X 坐标轴在工件首端的工件坐标系，$X_2O_2Z_2$ 为 X 坐标轴在工件尾端的工件坐标系，O 为机械零点，A 为刀尖，A 在上述三坐标系中的坐标如下：

A 点在机床坐标系中的坐标为(X, Z)；

A 点在 $X_1O_1Z_1$ 坐标系中的坐标为(X_1, Z_1)；

A 点在 $X_2O_2Z_2$ 坐标系中的坐标为(X_2, Z_2)。

4.3.5 插补功能

插补是指 2 个或多个轴同时运动，运动合成的轨迹符合确定的数学关系，构成二维(平面)或三维(空间)的轮廓，这种运动控制方式也称为轮廓控制。插补时控制的运动轴称为联动轴，联动轴的移动量、移动方向和移动速度在整个运动过程中同时受控，以形成需要的合成运动轨迹。只控制 1 轴或多轴的运动终点，不控制运动过程的运动轨迹，这种运动控制方式称为定位控制。

GSK980TDa 的 X 轴和 Z 轴为联动轴，属于 2 轴联动 CNC。GSK980TDa 具有直线、圆

弧和螺纹插补功能。

直线插补：*X* 轴和 *Z* 轴的合成运动轨迹为从起点到终点的一条直线。

圆弧插补：*X* 轴和 *Z* 轴的合成运动轨迹为半径由 *R* 指定、或圆心由 *I*、*K* 指定的从起点到终点的圆弧。

螺纹插补：主轴旋转的角度决定 *X* 轴或 *Z* 轴或两轴的移动量，使刀具在随主轴旋转的回转体工件表面形成螺旋形切削轨迹，实现螺纹车削。螺纹插补方式时，进给轴跟随主轴的旋转运动，主轴旋转一周螺纹切削的长轴移动一个螺距，短轴与长轴进行直线插补。如图 4-8 所示。

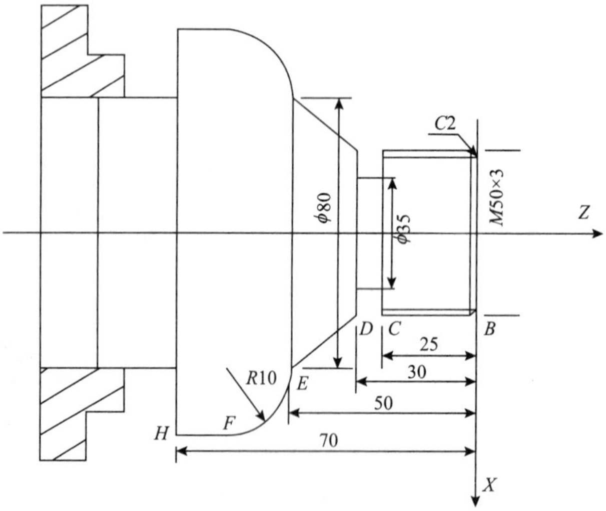

图 4-8　插补实例图

编程示例：

```
… ;
G32 W -27 F3；(B→C；螺纹插补)
G1 X50 Z -30 F100；
G1 X80 Z -50；(D→E；直线插补)
G3 X100 W -10 R10；(E→F；圆弧插补)
… ;
M30；
```

4.3.6　绝对坐标编程和相对坐标编程

编写程序时，需要给定轨迹终点或目标位置的坐标值，按编程坐标值类型可分为：绝对坐标编程、相对坐标编程和混合坐标编程三种编程方式。

使用 *X*、*Z* 轴的绝对坐标值编程(用 *X*、*Z* 表示)称为绝对坐标编程；

使用 *X*、*Z* 轴的相对位移量(以 *U*、*W* 表示)编程称为相对坐标编程；

GSK980TDa 允许在同一程序段 X、Z 轴分别使用绝对编程坐标值和相对位移量编程，称为混合坐标编程。示例：A→B 直线插补，如图 4-9 所示。

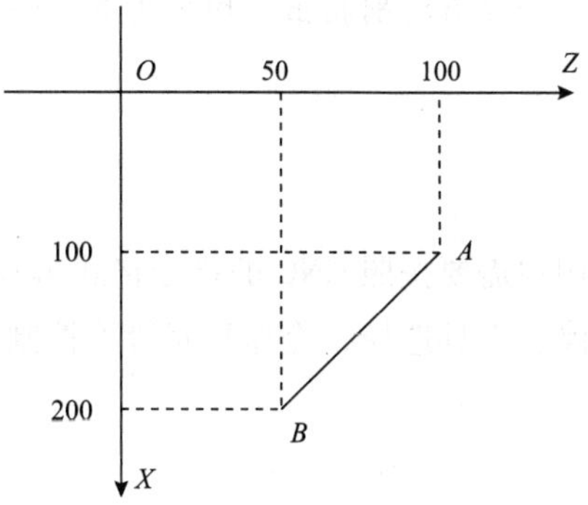

图 4-9　直线插补实例图

编程如下：

绝对坐标编程：G01 X200. Z50. ;

相对坐标编程：G01 U100. W-50. ;

混合坐标编程：G01 X200. W-50. ;

或 G01 U100. Z50. ;

注意：当一个程序段中同时有指令地址 X、U 或 Z、W，X、Z 时，均有效。

例如：G50 X10. Z20. ;

G01 X20. W30. U20. Z30. ;（此程序段的终点坐标为(X20，Z30)）

4.3.7 直径编程和半径编程

按编程时 X 轴坐标值以直径值还是半径值输入可分为直径编程和半径编程。

直径编程：状态参数 No.001 的 Bit2 位为 0 时，程序中 X 轴的代码值按直径值输入，此时 X 轴的坐标以直径值显示。

半径编程：状态参数 No.001 的 Bit2 位为 1 时，程序中 X 轴的代码值按半径值输入，此时 X 轴的坐标以半径值显示。与直径编程或半径编程的设置有关的地址，如表 4-3 所示。

表 4-3　与直径编程或半径编程的设置有关的地址

	地址	说明	直径编程	半径编程
与直径和半径编程的设置有关的地址	X	X 轴坐标	直径值表示	半径值表示
		G50 设定 X 轴坐标		
	U	X 轴移动增量	直径值表示	半径值表示
		G71、G72、G73 代码中 X 轴精加工余量	直径值表示	半径值表示
	R	G75 中切削后的退刀量	直径值表示	半径值表示
		G74 中切削到终点时候的退刀量		

除表4-3所列地址外的其它地址和数据，例如：圆弧半径和G90的锥度等，*X*轴指令值均按半径值输入，与直径编程或半径编程的设置无关。

注意：在后述的说明中，如没有特别指出，均采用直径编程。

4.4 程序的构成

进行零件的自动加工，用户需要按照CNC的指令格式编写零件程序。CNC执行程序，完成机床进给运动、主轴启停、刀具选择、冷却和润滑等控制，从而实现零件的加工。程序实例图，如图4-10所示。

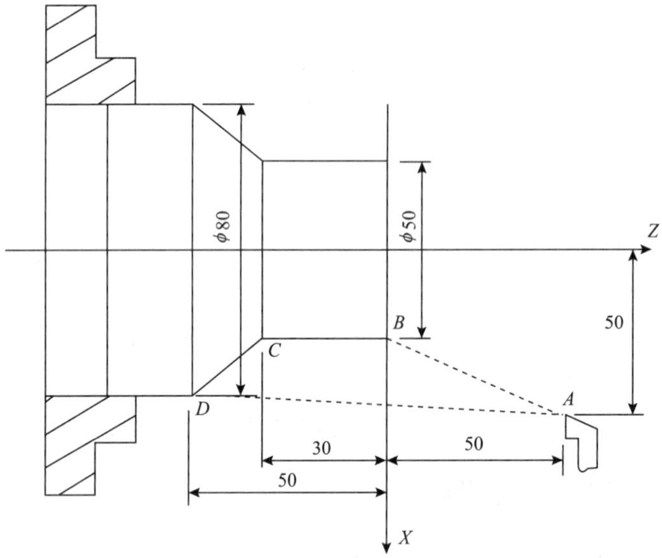

图4-10　程序实例图

程序如下：

O0001;	(程序名)
N0005 G0 X100 Z50;	(快速定位至A点)
N0010 M12;	(夹紧工件)
N0015 T0101;	(换1号刀执行1号刀偏)
N0020 M3 S600;	(启动主轴，置主轴转速600转/分钟)
N0025 M8;	(开冷却液)
N0030 G1 X50 Z0 F600;	(以600mm/min速度靠近B点)
N0040 W -30 F200;	(从B点切削至C点)
N0050 X80 W -20 F150;	(从C点切削至D点)
N0060 G0 X100 Z50;	(快速退回A点)
N0070 T0100;	(取消刀偏)

N0080 M5 S0；　　　　　　　　（停止主轴）
N0090 M9；　　　　　　　　　（关冷却液）
N0100 M13；　　　　　　　　（松开工件）
N0110 M30；　　　　　　　　（程序结束，关主轴、冷却液）

执行完上述程序，刀具将走出 A→B→C→D→A 的轨迹。

程序是由以“OXXXX”(程序名)开头、以“%”号结束的若干行程序段构成的。程序段是以程序段号开始(可省略)，以“;”或“＊”结束的若干个指令构成。程序的一般结构，如图 4-11 所示。

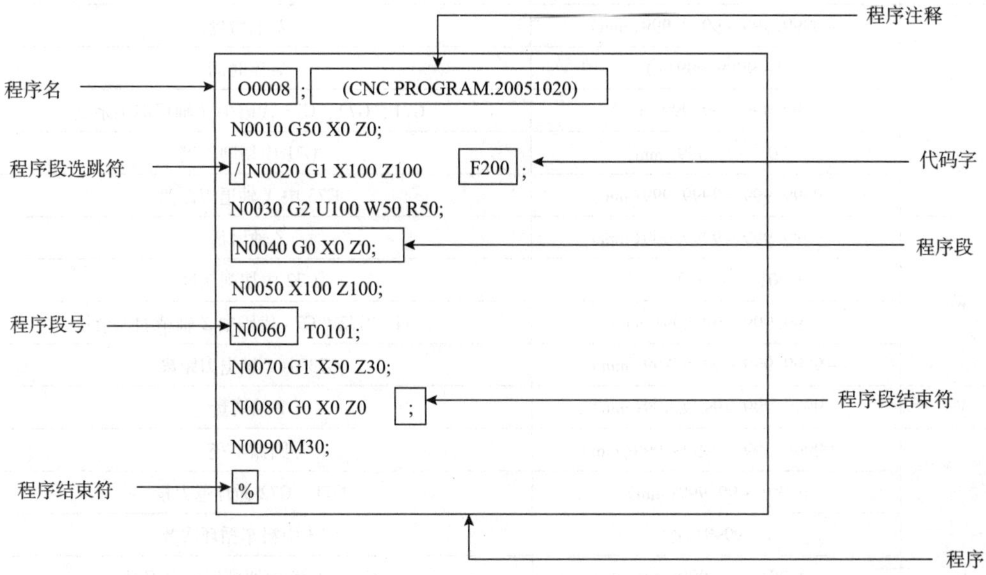

图 4-11　程序的一般结构

程序名：

GSK980TDa 最多可以存储 384 个程序，为了识别区分各个程序，每个程序都有唯一的程序名(程序名不允许重复)，程序名位于程序的开头由 O 及其后的四位数字构成。

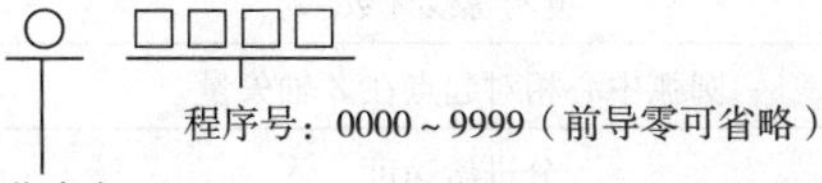

指令字：

指令是用于命令 CNC 完成控制功能的基本指令单元，指令由一个英文字母(称为指令地址)和其后的数值(称为指令值，为有符号数或无符号数)构成。指令地址规定了其后指令值的意义，在不同的指令组合情况下，同一个指令地址可能有不同的意义。指令组成如图 4-12 所示。表 4-4 为 GSK980TDa 所有指令的一览表。

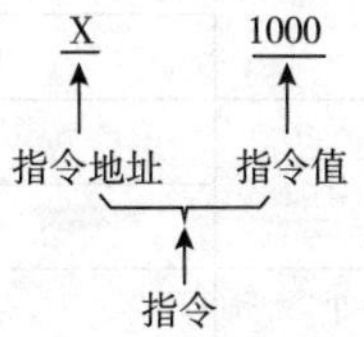

图 4-12　指令组成

表 4-4 指令一览表

指令地址	指令值取值范围	功能意义
O	0 ~ 9999	程序名
N	0 ~ 9999	程序段号
G	00 ~ 99	准备功能
X	-9999.999 ~ 9999.999(mm)	*X* 轴坐标
	0 ~ 9999.999(s)	暂停时间
Z	-9999.999 ~ 9999.999(mm)	*Z* 轴坐标
Y	-9999.999 ~ 9999.999(mm)	*Y* 轴坐标
U	-9999.999 ~ 9999.999(mm)	*X* 轴增量
	0 ~ 9999.999(s)	暂停时间
	-99.999 ~ 99.999(mm)	G71、G72、G73 代码中 *X* 轴精加工余量
	0.001 ~ 99.999(mm)	G71 中切削深度
	-9999.999 ~ 9999.999(mm)	G73 中 *X* 轴退刀距离
W	-9999.999 ~ 9999.999(mm)	*Z* 轴增量
	0.001 ~ 99.999(mm)	G72 中切削深度
	-99.999 ~ 99.999(mm)	G71、G72、G73 代码中 *Z* 轴精加工余量
	-9999.999 ~ 9999.999(mm)	G73 中 *Z* 轴退刀距离
V	-9999.999 ~ 9999.999(mm)	*Y* 轴增量
R	-99999.999 ~ 99999.999(mm)	圆弧半径
	0.001 ~ 99.999(mm)	G71、G72 循环退刀量
	1 ~ 9999(次)	G73 中粗车循环次数
	0.001 ~ 99.999(mm)	G74、G75 中切削后的退刀量
	0.001 ~ 99.999(mm)	G74、G75 中切削到终点时候的退刀量
	0.001 ~ 9999.999(mm)	G76 中精加工余量
	-9999.999 ~ 9999.999(mm)	G90、G92、G94、G96 中锥度
I	-9999.999 ~ 9999.999(mm)	圆弧中心相对起点在 *X* 轴矢量
	0.06 ~ 25400(牙/英寸)	英制螺纹牙数
K	-9999.999 ~ 9999.999(mm)	圆弧中心相对起点在 *Z* 轴矢量
F	0 ~ 8000(mm/min)	分进给速度
	0.0001 ~ 500(mm/r)	转进给速度
	0.001 ~ 500(mm)	公制螺纹导程
S	0 ~ 9999(r/min)	主轴转速指定
	00 ~ 04	多挡主轴输出
T	01 ~ 32	刀具功能
M	00 ~ 99	辅助功能输出、程序执行流程
	9000 ~ 9999	子程序调用

续表

指令地址	指令值取值范围	功能意义
P	0~9999999(1ms)	暂停时间
	0~9999	调用的子程序号
	0~999	子程序调用次数
	0~9999999(0.001mm)	G74、G75 中 *X* 轴循环移动量
		G76 中螺纹切削参数
	0~9999	复合循环代码精加工程序段中起始程序段号
Q	0~9999	复合循环代码精加工程序段中结束程序段号
	0~9999999(0.001mm)	G74、G75 中 *Z* 轴循环移动量
	1~9999999(0.001mm)	G76 中第一次切入量
	1~9999999(0.001mm)	G76 中最小切入量
	0~360000	G32 中起始角，指主轴一转信号与螺纹切削起点的偏移角度
H	01~99	G65 中运算符

程序段：程序段由若干个指令构成，以“;”或“*”结束，是 CNC 程序运行的基本单位。

程序段之间用字符“;”或“*”分开，本书用“;”表示。程序段结构如图 4-13 所示。

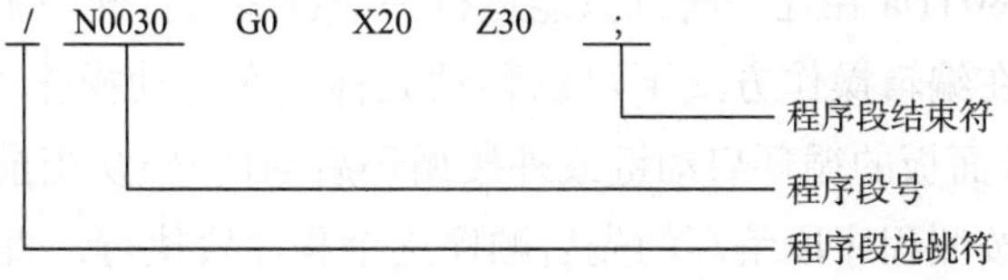

图 4-13 程序段结构

一个程序段中可输入若干个指令，也允许无指令而只有“;”号(EOB 键)结束符。有多个指令时，指令之间必须输入一个或一个以上空格。

在同一程序段中，除 N、G、S、T、H、L 等指令地址外，其它的指令地址只能出现一次，否则将产生报警(指令在同一个程序段中被重复)。N、S、T、H、L 指令在同一程序段中重复输入时，相同地址的最后一个指令有效。同组的 G 指令在同一程序段中重复输入时，最后一个 G 指令有效。

程序段号：

程序段号由地址 N 和后面四位数构成：N0000~N9999，前导零可省略。程序段号应位于程序段的开头，否则无效。

程序段号可以不输入，但程序调用、跳转的目标程序段必须有程序段号。程序段号的顺序可以是任意的，其间隔也可以不相等，为了方便查找和分析程序，建议程序段号按编程顺序递增或递减。

如果在开关设置页面将“自动序号”设置为“开”，将在插入程序段时自动生成递增的程序段号，程序段号增量由参数 No.42 设定。

程序段选跳符：

如在程序执行时不执行某一程序段（而又不想删除该程序段），就在该程序段前插入“/”，并打开程序段选跳开关跳段。程序执行时此程序段将被跳过，即不执行。如果程序段选跳开关未打开，即使程序段前有“/”该程序段仍会执行。

程序结束符：

“%”为程序文件的结束符，在通讯传送程序时，“%”为通讯结束标志。新建程序时，CNC 自动在程序尾部插入“%”。

程序注释：

为方便用户查找程序，每个程序可编辑不超过 20 个字符（10 个汉字）的程序注释，程序注释位于程序名之后的括号内，在 CNC 上只能用英文字母和数字编辑程序注释；在 PC 机上可用中文编辑程序注释，程序下载至 CNC 后，CNC 可以显示中文程序注释。

4.5 程序的运行

4.5.1 程序运行的顺序

必须在自动操作方式下才能运行当前打开的程序，GSK980TDa 不能同时打开 2 个或更多程序，因此，GSK980TDa 在任一时刻只能运行一个程序。打开一个程序时，光标位于第一个程序段的行首，在编辑操作方式下可以移动光标。在自动操作方式的运行停止状态，用循环启动信号（机床面板的循环启动键或外接循环启动信号）从当前光标所在的程序段启动程序的运行，通常按照程序段编写的先后顺序逐个程序段执行，直到执行了 M02 或 M30 指令，程序运行停止。光标随着程序的运行而移动，始终位于当前程序段的行首。在以下情况下，程序运行的顺序或状态会发生改变：

（1）程序运行时按键或急停按钮，程序运行终止；

（2）程序运行时产生 CNC 报警或 PLC 报警，程序运行终止；

（3）程序运行时操作方式被切换到录入、编辑操作方式，程序运行单段停（运行完当前的程序段后，程序运行暂停），切换至自动操作方式，再按循环启动键或外接循环启动信号接通时，从当前光标所在的程序段启动程序的运行；

（4）程序运行时操作方式被切换到手动、手轮、单步、程序回零和机械回零等操作方式，程序运行暂停，切换至自动操作方式，再按循环启动键或外接循环启动信号接通时，程序从停止的位置继续运行；

（5）程序运行时按进给保持键或外接暂停信号断开，程序运行暂停，再按循环启动键或外接循环启动信号接通时，程序从停止的位置继续运行；

（6）单段开关打开时，每个程序段运行结束后程序运行暂停，需再按循环启动键或外接循环启动信号接通时，从下一程序段继续运行；

（7）程序段选跳开关打开，程序段前有“/”的程序段被跳过、不执行；

(8)执行 G65 跳转指令时，转到跳转目标程序段运行；

(9)执行 G70～73 复合循环指令的程序运行顺序比较特殊，详见第三章“G 指令”；

执行 M98 或 M9000～M9999 指令时，调用对应的子程序或宏程序运行；子程序或宏程序运行结束，执行 M99 指令时，返回主程序中调用程序段的下一程序段运行(如果 M99 指令规定了返回的目标程序段号，则转到目标程序段运行)；

在主程序(该程序的运行不是因其它程序的调用而启动)中执行 M99 指令时，返回程序第一段继续运行，当前程序将反复循环运行。

4.5.2 程序段内指令的执行顺序

一个程序段中可以有 G、X、Z、F、R、M、S、T 等多个指令，大部分 M、S、T 指令由 NC 解释后送给 PLC 处理，其它指令直接由 NC 处理。M98、M99、M9000～M9999，以及以 r/min、m/min 为单位给定主轴转速的 S 指令也是直接由 NC 处理。

当 G 指令与 M00、M01、M02、M30 等在同一个程序段中时，NC 执行完 G 指令后，才执行 M 指令，并把对应 的 M 信号送给 PLC 处理。

当 G 指令与 M98、M99、M9000～M9999 指令在同一个程序段中时，NC 执行完 G 指令后，才执行这些 M 指令(不送 M 信号给 PLC)。

当 G 指令与其它由 PLC 处理的 M、S、T 指令在同一个程序段中时，由 PLC 程序(梯形图)决定 M、S、T 指令与 G 指令同时执行，或者在执行完 G 指令后再执行 M、S、T 指令，有关指令的执行顺序应以机床厂家的说明书为准。

GSK980TDa 标准 PLC 程序定义的 G、M、S、T 指令在同一个程序段的执行顺序为：

(1)M3、M4、M8、M10、M12、M32、M41、M42、M43、M44、S□□、T□□□□与 G 指令同时执行；

(2)M5、M9、M11、M13、M33 在执行完 G 指令后再执行；

(3)M00、M02、M30 在当前程序段其它指令执行完成后再执行。

第 5 章　数控车床 MSTF 指令

5.1　M 指令(辅助功能)

本节内容与“第 2 章 2.1M 指令”相同。

5.2　主轴功能

S 指令用于控制主轴的转速，GSK980TDa 控制主轴转速的方式有两种：

主轴转速开关量控制方式：S□□(2 位数指令值)，指令由 PLC 处理，PLC 输出开关量信号到机床，实现主轴转速的有级变化。

主轴转速模拟电压控制方式：S□□□□(4 位数指令值)，是指定主轴实际转速，NC 输出 0～10V 模拟电压信号给主轴伺服装置或变频器，实现主轴转速无级调速。

5.2.1　主轴转速开关量控制

当状态参数 No.001 的 Bit4 设为 0 时主轴转速为开关量控制。一个程序段只能有一个 S 指令，当程序段中出现两个或两个以上的 S 指令时，CNC 出现报警。

S 指令与执行移动功能的指令字共段时，执行的先后顺序由 PLC 程序定义，具体请参阅机床厂家的说明书。

主轴转速开关量控制时，GSK980TDa 车床 CNC 用于机床控制，S 指令执行的时序和逻辑应以机床生产厂家说明为准。

5.2.2　主轴转速模拟电压控制

当状态参数 No.001 的 Bit4 设为 1 时主轴转速为模拟电压控制。

指令格式：S □□□□(S0000～S9999，前导 0 可以省略)

主轴转速为模拟电压控制。

指令功能：设定主轴的转速，CNC 输出 0～10V 模拟电压控制主轴伺服或变频器，实现主轴的无级变速，S 指令值掉电不记忆，上电时置 0。

主轴转速模拟电压控制功能有效时，主轴转速输入有 2 种方式：①S 指令设定主轴的固定转速(r/min)，S 指令值不改变时主轴转速恒定不变，称为恒转速控制(G97 模态)；②S 指令设定刀具相对工件外圆的切线速度(m/min)，称为恒线速控制(G96 模态)，恒线速控制方式下，切削进给时的主轴转速随着编程轨迹 X 轴绝对坐标值的绝对值变化而变化。

CNC 具有四档主轴机械挡位功能，执行 S 指令时，根据当前的主轴挡位的最高主轴转速（输出模拟电压为 10V）的设置值（对应数据参数 No. 037 ~ No. 040）计算给定转速对应的模拟电压值，然后输出到主轴伺服或变频器，控制主轴实际转速与要求的转速一致。

CNC 上电时，模拟电压输出为 0V，执行 S 指令后，输出的模拟电压值保持不变（除非处于恒线速控制的切削进给状态且 X 轴绝对坐标值的绝对值发生改变）。执行 S0 后，模拟电压输出为 0V。CNC 复位、急停时，延时时间 S 指令开始执行后续的指令字或程序段，模拟电压输出保持不变。

与主轴转速模拟电压控制相关的参数：

（1）数据参数 No. 21：最高主轴转速（输出模拟电压为 10V）时的输出电压偏置值；

（2）数据参数 No. 36：主轴转速为 0（输出模拟电压为 0V）时的输出电压偏置值；

（3）数据参数 No. 037 ~ No. 040：主轴 1 ~ 4 挡（对应 M41 ~ M44）时的主轴最高转速（输出模拟电压为 10V）。

5.2.3 恒线速控制 G96 和恒转速控制 G97

指令格式：G96 S __；（S0000 ~ S9999，前导零可省略）

指令功能：恒线速控制有效、给定切削线速度（m/min），取消恒转速控制。G96 为模态 G 指令，如果当前为 G96 模态，可以不输入 G96。

指令格式：G97 S __；（S0000 ~ S9999，前导零可省略）

指令功能：取消恒线速控制、恒转速控制有效，给定主轴转速（r/min）。G97 为模态 G 指令，如果当前为 G97 模态，可以不输入 G97。

指令格式：G50 S __；（S0000 ~ S9999，前导零可省略）

指令功能：设置恒线速控制时的主轴最高转速限制值（r/min）。

G96 和 G97 为同组的模态指令字，只能一个有效。G97 为初态指令字，CNC 上电时默认 G97 有效。

车床车削工件时，工件通常以主轴轴线为中心线进行旋转，刀具切削工件的切削点可以看成围绕主轴轴线作圆周运动，圆周切线方向的瞬时速率称为切削线速度（简称线速度）。不同材料的工件和不同材料的刀具要求的线速度不同。

主轴转速模拟电压控制功能有效时，恒线速控制功能才有效。在恒线速控制时，主轴转速随着编程轨迹（忽略刀具长度补偿）的 X 轴绝对坐标值的绝对值变化，X 轴绝对坐标值的绝对值增大，主轴转速降低，X 轴绝对坐标值的绝对值减小，主轴转速提高，使得切削线速度保持为 S 指令值。使用恒线速控制功能切削工件，可以使得直径变化的工件表面光洁度保持一致。如图 5-1 所示。

线速度 = 主轴转速 × $|X|$ × π ÷1000 （m/min）

主轴转速：r/min；$|X|$：X 轴绝对坐标值的绝对值（直径值），mm；π≈3.14。

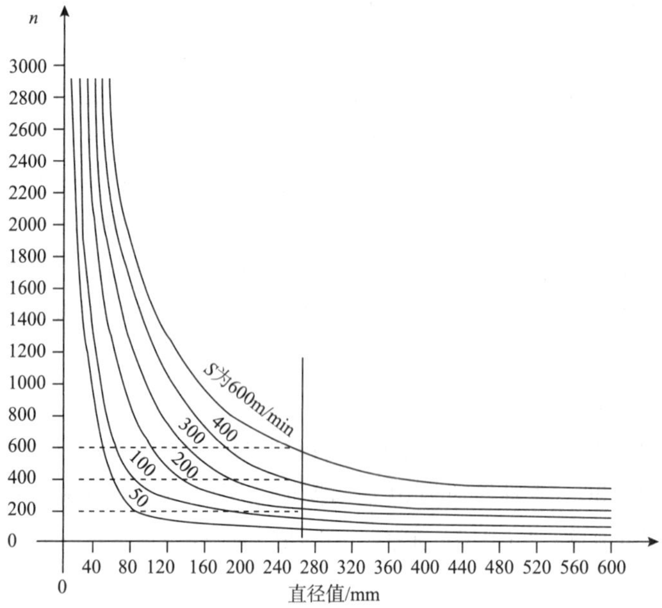

图 5-1　恒线速控制时转速与直径关系曲线

恒线速控制时，只在切削进给(插补)过程中随着编程轨迹 *X* 轴绝对坐标值的绝对值变化改变主轴转速。对于 G00 快速移动，由于不进行实际切削，G00 执行过程中主轴转速保持不变，此时的主轴转速按程序段终点位置的线速度计算。

恒线速控制时，工件坐标系的 *Z* 坐标轴必须与主轴轴线(工件旋转轴)重合，否则实际线速度将与给定的线速度不一致。

恒线速控制有效时，G50 S __可限制主轴最高转速(r/min)，当按线速度和 *X* 轴坐标值计算的主轴转速高于 G50 S __设置的最高转速限制值时，实际主轴转速为主轴最高转速限制值。CNC 上电时，主轴最高转速限制值未设定，主轴最高转速限制功能无效。G50 S __定义的最高转速限制值在重新指定前是保持的，最高转速限制功能在 G96 状态下有效，在 G97 状态下 G50 S __设置的主轴最高转速不起限制作用，但主轴最高转速限制值仍然保持。

注意：当参数 No. 043(恒线速控制时主轴的最低速度)被设置为 0 时，如果执行 G50 S0，恒线速控制时主轴转速将被限制在 0R/MIN(主轴不会旋转)。

CNC 参数 No. 043 为恒线速控制时的主轴转速下限，当按线速度和 *X* 轴坐标值计算的主轴转速低于这个值时，实际主轴转速限制为主轴转速下限。恒线速加工实例，如图 5-2 所示。

编程示例：

O0001；　　　　　　　　(程序名)

N0010 M3 G96 S300；　　(主轴正转，恒线速控制有效，线速度为 300m/min)

N0020 G0 X100 Z50；　　(快速移动至 *A* 点，移动过程中主轴转速为 955r/min)

N0030 G0 X50 Z0；　　　(快速移动至 *B* 点，移动过程中主轴转速为 1910r/min)

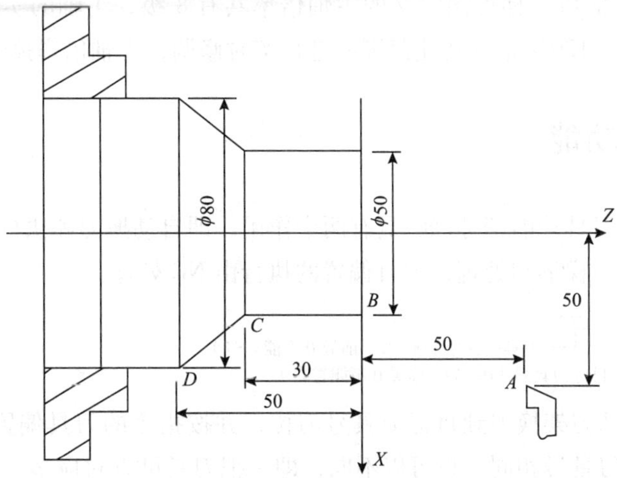

图5-2 恒线速加工实例

N0040 G1 W-30 F200;　（从 *B* 点切至 *C* 点，切削中主轴转速恒为1910r/min）

N0050 X80 W-20 F150;　（从 *C* 点切至 *D* 点，主轴转速从1910r/min，变化为1194r/min）

N0060 G0 X100 Z50;　（快速退回 *A* 点，移动过程中主轴转速为955r/min）

N0110 M30;　（程序结束，关主轴、冷却液）

注意事项：

(1)在G96状态中，被指令的S值，即使在G97状态中也保持着。当返回到G96状态时，其值恢复；例如：Ⅱ-7 GSK980TDa车床CNC G96 S50；(切削线速度50m/min) G97 S1000；(主轴转速1000r/min) G96 X3000；(切削线速度50m/min)

(2)机床锁住(执行 *X*、*Z* 轴运动指令时 *X*、*Z* 轴不移动)时，恒线速控制功能仍然有效；

(3)螺纹切削时，恒线速控制功能虽然也能有效，但为了保证螺纹加工精度，螺纹切削时不要采用恒线速控制，应在G97状态下进行螺纹切削；

(4)从G96状态变为G97状态时，G97程序段如果没有S指令(r/min)，那么G96状态的最后转速作为G97状态的S指令使用，即此时主轴转速不变；

(5)恒线速控制时，当由切削线速度计算的主轴转速高于当前主轴挡位的最高转速(CNC参数No.037~No.040)时，此时的主轴转速限制为当前主轴挡位的最高转速。

5.2.4 主轴倍率

在主轴转速模拟电压控制方式有效时，主轴的实际转速可以用主轴倍率进行修调，进行主轴倍率修调后的实际转速受主轴当前挡位最高转速的限制，在恒线速控制方式下还受最低主轴转速限制值和最高主轴转速限制值的限制。

NC提供8级主轴倍率(50%~120%，每级变化10%)，主轴倍率实际的级数、修调方法等由PLC梯形图定义，使用时应以机床生产厂家说明为准。

GSK980TDa 标准 PLC 梯形图定义的主轴倍率共有 8 级，主轴的实际转速可以用主轴倍率修调键在 50% ~120% 指令转速范围内进行实时修调，主轴倍率掉电记忆。

5.3 刀具功能

GSK980TDa 的刀具功能(T 指令)具有两个作用，即自动换刀和执行刀具偏置。自动换刀的控制逻辑由 PLC 梯形图处理，刀具偏置的执行由 NC 处理。

指令格式：T □□ ○○

○○—刀具偏置号（00–32，前导 0 不能省略）

□□—目标刀具号（01–32，前导 0 不能省略）

指令功能：自动刀架换刀到目标刀具号刀位，并按指令的刀具偏置号执行刀具偏置。刀具偏置号可以和刀具号相同，也可以不同，即一把刀具可以对应多个偏置号。在执行了刀具偏置后，再执行 T□□○○，CNC 将按当前的刀具偏置反向偏移，CNC 由已执行刀具偏置状态改变为未补偿状态，这个过程称为取消刀具偏置。上电时，T 指令显示的刀具号和刀具偏置号均为掉电前的状态。

在一个程序段中只能有一个 T 指令，在程序段中出现两个或两个以上的 T 指令时，CNC 产生报警。

在加工前通过对刀操作获得每一把刀具的位置偏置数据(称为刀具偏置或刀偏)，程序运行中执行 T 指令后，自动执行刀具偏置。这样，在编辑程序时每把刀具按零件图纸尺寸来编写，可不用考虑每把刀具相互间在机床坐标系的位置关系。如因刀具磨损导致加工尺寸出现偏差，可根据尺寸偏差修改刀具偏置，如图 5-3 所示。

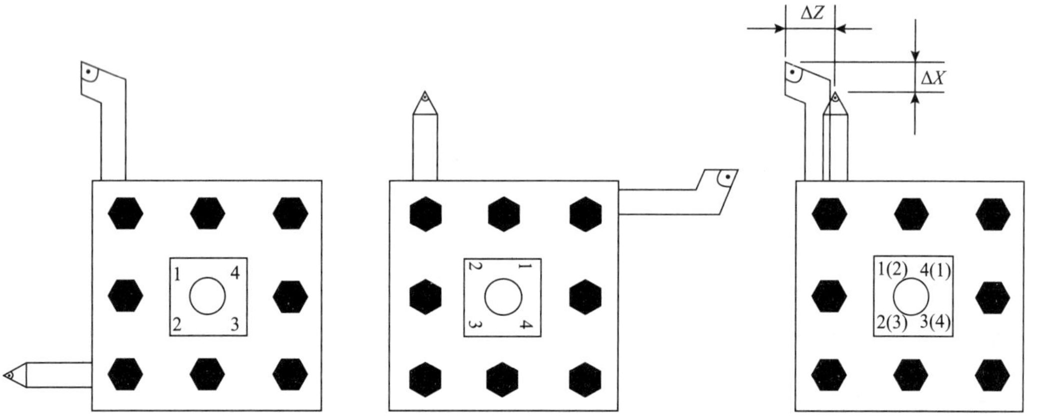

图 5-3　刀具偏置图

刀具偏置是对编程轨迹而言的，T 指令中刀具偏置号对应的偏置，在每个程序段的终点被加上或减去补偿量。*X* 轴刀具偏置使用直径值还是半径值表示由状态参数 No.004 的 Bit4 位设定。*X* 轴的刀具偏置值使用直径值/半径值表示的意义是指当刀具长度补偿值改变时，工件外径以直径值/半径值变化。

编程示例：状态参数 No. 004 的 Bit4 位为 0 时，若 *X* 轴的刀具长度补偿值改变 10mm，则工件外径的直径值改变 10mm；状态参数 No. 004 的 Bit4 位为 1 时，若 *X* 轴的刀具长度补偿值改变 10mm，则工件外径的直径值改变 20mm。移动方式执行刀具偏置时建立、执行和取消的过程，如图 5－4 所示。

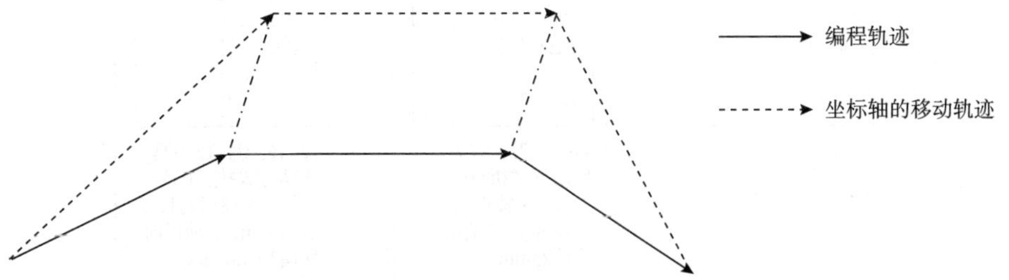

图 5－4　刀具长度补偿建立、执行及取消

程序如下：

G01 X100 Z100 T0101；（程序段 1，开始执行刀具偏置）

G01 W150；　　　　　（程序段 2，刀具偏置状态）

G01 U150 W100 T0100；（程序段 3，取消刀具偏置）

执行刀具偏置的方式有两种，由状态参数 No. 003 的 Bit4 位设定：当 Bit4 =0 时，以刀具移动方式执行刀具偏置；当 Bit4 =1 时，以修改坐标方式执行刀具偏置，如表 5－1 所示。

表 5－1　刀具偏置表

刀具偏置号	*X*	*Z*
00	0.000	0.000
01	0.000	0.000
02	12.000	－23.000
03	24.560	13.452

在录入和自动方式下，单独的 T 指令字（不与移动指令在同一程序段），执行刀具偏置的过程与状态参数 No. 004 的 Bit3 设置有关（如图 5－5、图 5－6 所示）。状态参数 No. 003 的 Bit4 =1，执行单独的 T 指令时，显示页面下的刀具偏置号反显，当刀具偏置执行后，清除反显（执行了刀具偏置的轴的反显清除，刀具偏置未被执行的轴的刀具偏置号仍然反显，刀具偏置号的前一位表示 *X* 轴刀补的执行情况，后一位表示 *Z* 轴刀补的执行情况）。

编程示例：在状态参数 No. 003 的 Bit4 =1，执行单独的 T0102 指令及执行单独的 T0102 指令后，Z 轴再执行移动。执行的 CNC 显示如图 5－7、图 5－8 所示。

T 指令与执行移动功能的指令在同一程序段且以修改坐标方式执行刀具偏置时，移动指令和 T 指令同时执行，在刀具换刀的同时，把当前的刀具偏置叠加到移动指令的坐标移动值里一起执行，移动速度由移动指令决定是切削进给还是快速移动速度。

T 指令与执行移动功能的指令在同一程序段且以刀具移动方式执行刀具偏置时，移动

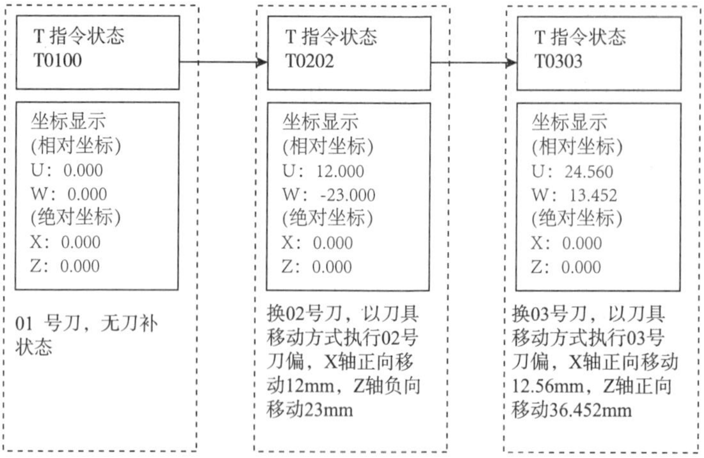

图 5-5　刀具移动方式执行刀具偏置

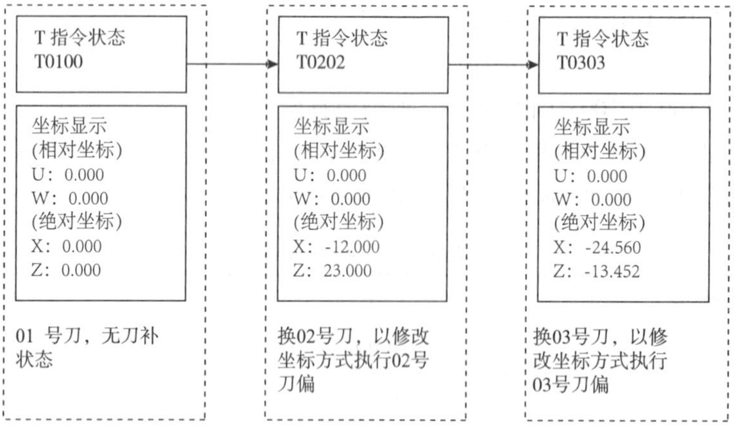

图 5-6　修改坐标方式执行刀具偏置

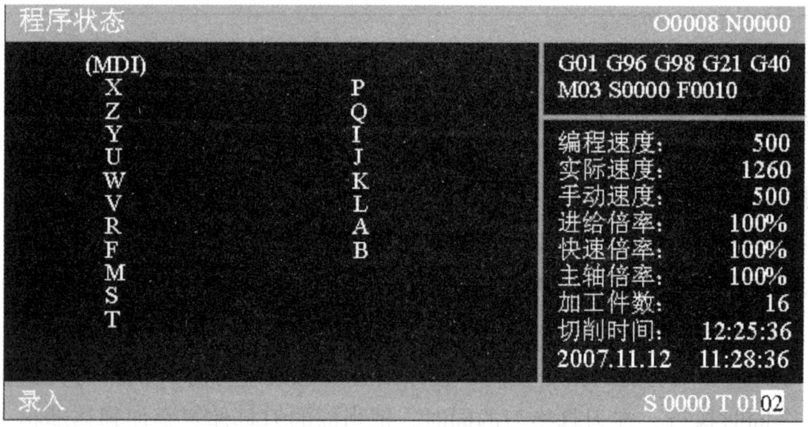

图 5-7　执行单独的 T0102 代码(两轴刀具偏置均未执行)

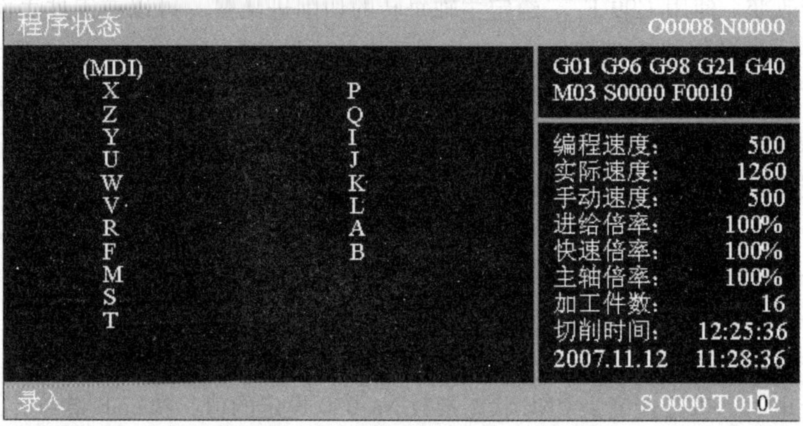

图 5-8 执行单独的 T0102 代码后再执行 W0X 轴(刀具偏置未执行，*Z* 轴已执行)

指令和 T 指令分开执行，先执行换刀及刀具偏置，然后执行移动功能的指令，刀具偏置执行的速度是当前的快速移动速度。

执行了下列任意一种操作后，将取消刀具偏置。

(1)执行了 T□□00 代码；

(2)执行了 G28 指令或手动回机械零点(只取消已回机械零点的坐标轴的刀具偏置，未回机械零点的另一坐标轴不取消刀偏)。

当数据参数 No. 084(总刀位数选择)设置不为 1(2 ~ 32)，且目标刀具号与当前显示刀具号不等时，Ⅱ -11 GSK980TDa 车床 CNC 执行 T 指令后，刀架的控制时序和逻辑由 PLC 梯形图决定，使用时应以机床生产厂家说明为准。GSK980TDa 标准 PLC 梯形图规定正转选刀，反转锁紧。

使用排刀架(未安装自动刀架)时，数据参数 No. 084(总刀位数选择)应设置为 1，不同的刀具号是通过执行不同的刀具偏置来实现的，如：T0101、T0102、T0103。

5.4 进给功能

5.4.1 切削进给(G98/G99、F 指令)

指令格式：G98 F __；(F0001 ~ F8000，前导零可省略，给定每分进给速度，mm/min)

指令功能：以 mm/min 为单位给定切削进给速度，G98 为模态 G 指令，如果当前为 G98 模态，可以不输入 G98。

指令格式：G99 F __；(F0. 0001 ~ F500)

指令功能：以 mm/r 为单位给定切削进给速度，G99 为模态 G 指令。如果当前为 G99 模态，可以不输入 G99。CNC 执行 G99 F __时，把 F 指令值(mm/r)与当前主轴转速(r/min)的乘积作为进给速度指令控制实际的切削进给速度，主轴转速变化时，实际的切削进给速度随着改变。使用 G99 F __ 给定主轴每转的切削进给量，可以在工件表面形成均匀的切削纹路。在 G99 模态进行加工，机床必须安装主轴编码器。

G98、G99 为同组的模态 G 指令，只能一个有效。G98 为初态 G 指令，CNC 上电时默认 G98 有效。

每转进给量与每分钟进给量的换算公式：

$$F_{\mathrm{m}} = F_{\mathrm{r}} \times S \tag{5-1}$$

式中 F_{m}——每分钟的进给量，mm/min；

F_{r}——每转进给量，mm/r；

S——主轴转速，r/min。

CNC 上电时，进给速度为 CNC 状态参数 No. 030 设定的值，执行 F 指令后，F 指令值保持不变。执行 F0 后，进给速度为 0。CNC 复位和急停时，F 指令值保持不变。

注意：在 G99 模态，当主轴转速低于 1r/min 时，切削进给速度会出现不均匀的现象；主轴转速出现波动时，实际的切削进给速度会存在跟随误差。为了保证加工质量，建议加工时选择的主轴转速不能低于主轴伺服或变频器输出有效力矩的最低转速。

切削进给：CNC 同时控制 X 轴和 Z 轴两个方向的运动，使刀具的运动轨迹与指令定义的轨迹（直线、圆弧）一致，而且运动轨迹的切线方向上的瞬时速度与 F 指令值一致，这种运动控制过程称为切削进给或插补。切削进给的速度由 F 指令指定，CNC 在执行插补指令（切削进给）时，根据编程轨迹把 F 指令给定的切削进给速度分解到 X 轴和 Z 轴两个方向上，CNC 同时控制 X 轴方向和 Z 轴方向的瞬时速度，使得两方向速度的矢量合成速度等于 F 指令值。

$$f_x = \frac{d_{\mathrm{x}}}{\sqrt{d_{\mathrm{x}}^2 + d_{\mathrm{z}}^2}} \cdot F \tag{5-2}$$

$$f_z = \frac{d_{\mathrm{z}}}{\sqrt{d_{\mathrm{x}}^2 + d_{\mathrm{z}}^2}} \cdot F \tag{5-3}$$

式中 F——X 轴方向和 Z 轴方向的瞬时速度的矢量合成速度；

d_{x}——X 轴的瞬时增量；

f_{x}——X 轴的瞬时速度（X 轴的速度是指半径上的速度）；

d_{z}——Z 轴的瞬时增量；

f_{z}——Z 轴的瞬时速度。

切削进给例图，如图 5-9 所示。括号内为各点的坐标值（X 轴为直径值），CNC 数据参数 No. 022 为 3800，CNC 数据参数 No. 023 为 7600，快速倍率和进给倍率均为 100%。

程序如下：

G50 X160 Z80；（建立工件坐标系）

G0 G98 X50 Z0；（从 A 点经 M 点快速移动至 B 点。$A \to M$ 中，X 轴速度为 7600mm/min，Z 轴速度为 7600mm/min，$M \to B$ 中，X 轴速度为 0mm/min，Z 轴速度为 7600mm/min）

G1 W -30 F100；（$B \to C$，整个过程中 X 轴速度为 0mm/min，Z 轴速度为 100mm/min）

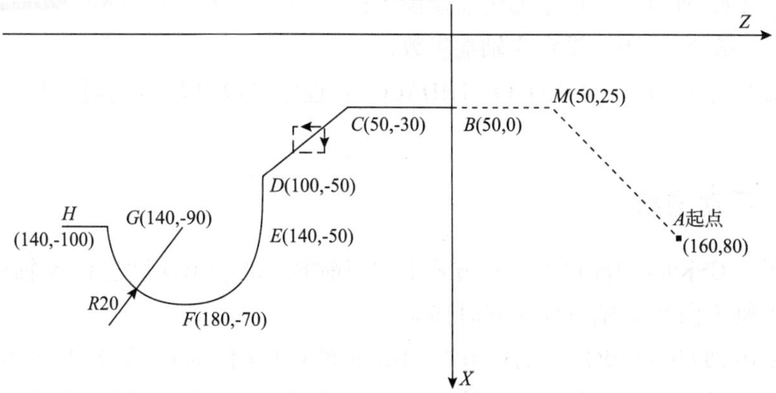

图5-9 切削进给例图

X100 W-20；（$C \to D$，整个过程中 X 轴速度为156mm/min，Z 轴速度为62mm/min）

X140；（$D \to E$，整个过程中 X 轴速度为200mm/min，Z 轴速度为0mm/min）

G3 W-40 R20；（EFG 圆弧插补，E 点 X 轴速度为200mm/min，Z 轴速度为0mm/min，F 点 X 轴速度为0mm/min，Z 轴速度为100mm/min，G 点 X 轴速度为200mm/min，Z 轴速度为0mm/min）

W-10；（$G \to H$，整个过程中 X 轴速度为0mm/min，Z 轴速度为100mm/min）

M30；NC提供16级进给倍率（0~150%，每级10%），实际的进给倍率级数、掉电是否记忆和修调方法等由PLC梯形图定义，使用时应以机床生产厂家说明为准。

5.4.2 螺纹切削

CNC根据给定螺距和跟随主轴的运动实现螺纹切削。切削时，主轴每旋转一圈，刀具移动一个螺距。切削的速度与指定的螺距大小、主轴实际的旋转速度有关。螺纹切削时须安装主轴编码器，主轴的实际转速由主轴编码器反馈给CNC时，进给倍率和快速倍率对螺纹切削无效。

$$F = f \times S \tag{5-4}$$

式中 F——螺纹切削速度，mm/min；

f——给定螺距，mm；

S——主轴实际转速，r/min。

相关参数如下：

（1）数据参数No.026：螺纹退尾时短轴的加减速时间常数；

（2）数据参数No.028：螺纹切削时的速度下限值；

（3）数据参数No.029：切削进给和手动进给指数加减速时间常数；

（4）数据参数No.070：设定主轴编码器线数，设定范围为100~5000线；

（5）数据参数No.106：螺纹加工时主轴转速波动报警阀值；

（6）数据参数No.107：螺纹加工时退尾速度；

(7)数据参数 No. 111：设定编码器端齿数；

(8)数据参数 No. 110：设定主轴端齿数；

(9)状态参数 No. 175 的 Bit4 位(THDACC)：设定螺纹开始切削时是指数加减速还是线性加减速。

5.4.3 手动进给

手动进给：GSK980TDa 可在手动方式下按当前的手动进给速度进行 *X* 轴或 *Z* 轴正向/负向移动，*X* 轴方向和 *Z* 轴方向能同时移动。

NC 提供 16 级(0～150%，每次 10%)手动进给速度(倍率)，如表 2-3 所示。手动进给时实际的进给倍率级数和修调方法等由 PLC 梯形图定义，使用时应以机床生产厂家说明为准。以下为 GSK980TDa 标准 PLC 梯形图的功能描述，仅供参考。

注意：*X* 轴的手动进给速度为直径变化/min；GSK980TDa 标准 PLC 梯形图定义的进给倍率掉电记忆。

相关参数：

(1)数据参数 No. 029：手动进给时的指数加减速时间常数；

(2)数据参数 No. 041：手动进给时加减速速度下限(*X* 轴为直径变化/min)。

5.4.4 手轮/单步进给

手轮进给：GSK980TDa 可在手轮方式下按当前的增量进行 *X* 轴或 *Z* 轴正向/负向移动，*X* 轴方向和 *Z* 轴方向同时只能一轴移动。

单步进给：GSK980TDa 可在单步方式下按当前的增量进行 *X* 轴或 *Z* 轴正向/负向移动，*X* 轴方向和 *Z* 轴方向同时只能一轴移动。

手轮方式和单步方式同时只能一种方式有效，由 CNC 状态参数 No. 001 的 Bit3 位决定。

NC 提供 4 级(0. 001mm、0. 01mm、0. 1mm、1mm)手轮/单步增量，实际的手轮/单步增量级数、增量选择方法和当前有效轴的选择方法等由 PLC 梯形图定义，使用时应以机床生产厂家说明为准。

相关参数：

(1)数据参数 No. 029：切削进给和手动进给指数加减速时间常数；

(2)数据参数 No. 041：手动进给时的指数加减速的起始/终止速度。

5.4.5 自动加减速

在轴运动的开始阶段与运动停止前，GSK980TDa 自动进行加减速处理，实现速度的平滑过渡，以减小运动起动和停止时的冲击。GSK980TDa 采用了多种加减速处理，如图 5-10、图 5-11、图 5-12 所示。

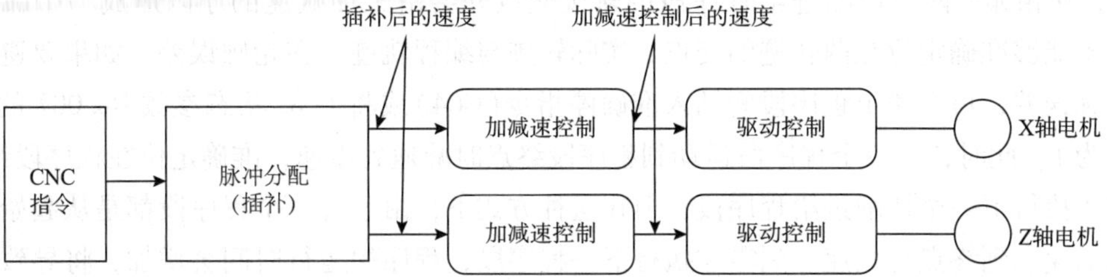

图 5-10　自动加减速工作原理

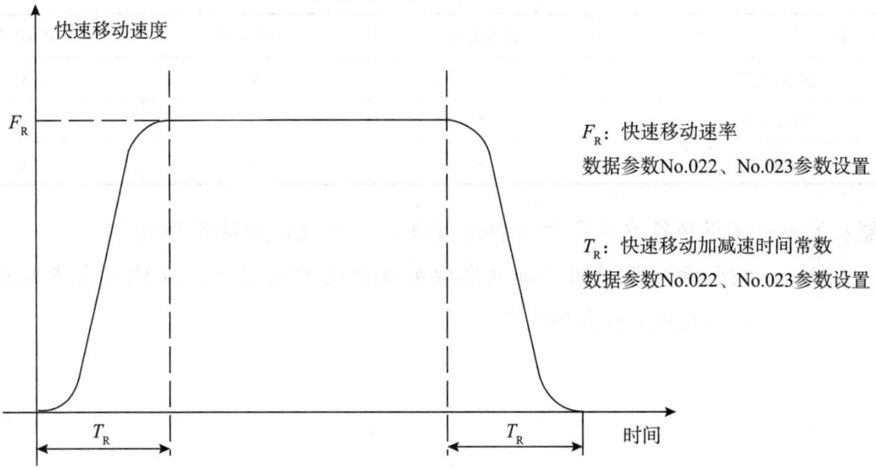

图 5-11　快速移动速度曲线

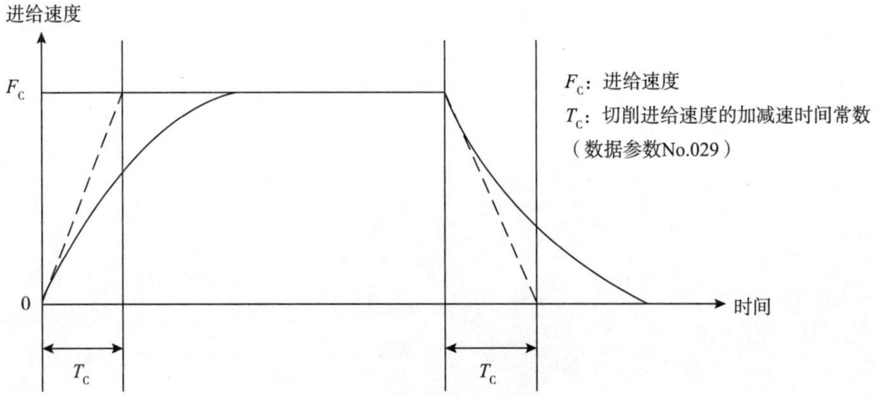

图 5-12　切削进给和手动进给速度曲线

快速移动：S 型前加减速；切削进给：指数型后加减速；

螺纹切削：指数型/直线型（由参数设定）后加减速；

手动进给：指数型后加减速；手轮进给：指数型后加减速；

单步进给：指数型后加减速。

切削进给时，由于 GSK980TDa 采用了指数型后加减速，当状态参数 No. 007 的 Bit3 =

0 时，在相邻的两个切削进给程序段的轨迹交点处会由于加减速的原因形成一个弧形过渡，不能够准确定位在两轨迹的交点，实际轨迹与编程轨迹存在轮廓误差。如果要避免这种轮廓误差，可在两个程序段间插入准确停指令（G04）或将 CNC 状态参数 No. 007 的 Bit3 设置为 1。此时，前一个程序段运动到程序段终点时减速到零速，准确定位在程序段终点，然后才执行下一个切削进给程序段；但在这种方式下，由于每一个程序段都是从起始速度开始加速、到终点时减速、到零才执行下一程序段，程序的运行时间会增加，将导致加工效率降低。状态参数 No. 007 的 Bit3 = 0，在相邻两程序段间，按表 5-2 处理程序段过渡。

表 5-2　程序段过渡处理

前一程序段，下一程序段	快速定位	切削进给	不移动
快速定位	X	X	X
切削进给	X	O	X
不移动	X	X	X

注意： X——前程序段准确定位在程序段终点，才执行后续程序段。

O——相邻两程序段间各轴速度按加减速的方式过渡，在轨迹交点处形成一个弧形过渡（不准确定位）。

第 6 章　数控车床 G 指令

6.1　概述

G 指令由指令地址 G 和其后的 1 ~2 位指令值组成，用来规定刀具相对工件的运动方式和进行坐标设定等多种操作，G 指令组成如图 6－1 所示。G 指令一览表，如表 6－1 所示。

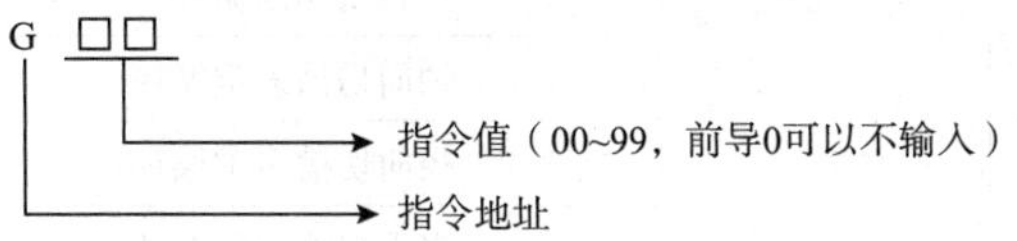

图 6－1　G 指令组成

G 指令分为 00、01、02、03、04 组。除 01 与 00 组指令不能共段外，同一个程序段中可以输入几个不同组的 G 指令，如果在同一个程序段中输入了两个或两个以上的同组 G 指令时，最后一个 G 指令有效。没有共同参数(指令值)的不同组 G 指令可以在同一程序段中，功能同时有效并且与先后顺序无关。如果使用了表 6－1 以外的 G 指令或选配功能的 G 指令，系统出现报警。

表 6－1　G 指令一览表

指令字	组　别	功　能	备　注
G00	01	快速移动	初态 G 指令
G01		直线插补	模态 G 指令
G02		圆弧插补(顺时针)	
G03		圆弧插补(逆时针)	
G32		螺纹切削	
G33		Z 轴攻丝循环	
G34		变螺距螺纹切削	
G90		轴向切削循环	
G92		螺纹切削循环	
G94		径向切削循环	

续表

指令字	组　别	功　能	备　注
G04	00	暂停、准停	非模态 G 指令
G10		数据输入方式有效	
G11		取消数据输入方式	
G28		返回机床第 1 参考点	
G30		返回机床第 2、3、4 参考点	
G50		坐标系设定	
G65		宏代码	
G70		精加工循环	
G71		轴向粗车循环	
G72		径向粗车循环	
G73		封闭切削循环	
G74		轴向切槽多重循环	
G75		径向切槽多重循环	
G76		多重螺纹切削循环	
G20	06	英制单位选择	模态 G 指令
G21		公制单位选择	初态 G 指令
G96	02	恒线速开	模态 G 指令
G97		恒线速关	初态 G 指令
G98	03	每分进给	初态 G 指令
G99		每转进给	模态 G 指令
G40	07	取消刀尖半径补偿	初态 G 指令
G41		刀尖半径左补偿	模态 G 指令
G42		刀尖半径右补偿	

6.1.1　模态、非模态和初态

G 指令分为 00、01、02、03、06、07 组。其中 00 组 G 指令为非模态 G 指令，其它组 G 指令为模态 G 指令，G00、G97、G98、G40 为初态 G 指令。

G 指令执行后，其定义的功能或状态保持有效，直到被同组的其它 G 指令改变，这种 G 指令称为模态 G 指令。模态 G 指令执行后，其定义的功能或状态被改变以前，后续的程序段执行该 G 指令时，可不需要再次输入该 G 指令。

G 指令执行后，其定义的功能或状态一次性有效，每次执行该 G 指令时，必须重新输入该 G 指令，这种 G 指令称为非模态 G 指令。

系统上电后，未经执行其功能或状态就有效的模态 G 指令称为初态 G 指令。上电后不输入 G 指令时，按初态 G 指令执行。GSK980TDa 的初态指令为 G00、G40、G97、G98。

6.1.2 指令的省略输入

为简化编程，表6-2所列举的指令具有执行后指令值保持的特点，如果在前面的程序段中已经包含了这些指令，在后续的程序段中需要使用指令值相同和意义相同的指令时，可以不必输入。

表6-2 执行后指令值保持的指令

指令地址	功能意义	上电时的初始值
U	G71 中切削深度	No. 51 参数值
U	G73 中 X 轴退刀距离	No. 53 参数值
W	G72 中切削深度	No. 51 参数值
W	G73 中 Z 轴退刀距离	No. 54 参数值
R	G71、G72 循环退刀量	No. 52 参数值
R	G73 中粗车循环次数	No. 55 参数值
R	G74、G75 中切削后的退刀量	No. 56 参数值
R	G76 中精加工余量	No. 60 参数值
R	G90、G92、G94、G76 中锥度	0
(G98)F	分进给速度(G98)	No. 030 参数值
(G99)F	转进给速度(G99)	0
F	公制螺纹螺距(G32、G92、G76)	0
I	英制螺纹螺距(G32、G92)	0
S	主轴转速指定(G97)	0
S	主轴线速指定(G96)	0
S	主轴转速开关量输出	0
P	G76 中螺纹切削精加工次数	No. 57 参数值
	G76 中螺纹切削螺纹退刀宽度	No. 19 参数值
	G76 中螺纹切削刀尖角度	No. 58 参数值
Q	G76 中最小切入量	No. 59 参数值

注意事项：

(1)有多种功能的指令地址(如F，可用于给定每分进给、每转进给和公制螺纹螺距等)只在指令字执行后再次执行相同的功能定义指令字时才允许省略输入。如：执行了G98 F但未执行螺纹指令，进行公制螺纹加工时必须用F指令字输入螺距；

(2)在地址X(U)、Z(W)用于给定程序段终点坐标时允许省略输入，程序段中未输入X(U)或Z(W)坐标指令字时，系统取当前的X轴或Z轴的绝对坐标作为程序段终点的坐标值；

(3)使用表6-2中未列入的指令地址时，必须输入相应的指令字，不能省略输入。

示例 1：
O0001；
G0 X100 Z100；　　（快速移动至 X100 Z100；模态指令字 G0 有效）
X20 Z30；　　（快速移动至 X20 Z30；模态指令字 G0 可省略输入）
G1 X50 Z50 F300；　　（直线插补至 X50 Z50，进给速度 300mm/min；模态指令字 G1 有效）
X100；　　（直线插补至 X100 Z50，进给速度 300mm/min；未输入 *Z* 轴坐标，取当前坐标值 Z50；F300 保持、G01 为模态指令字可省略输入）
G0 X0 Z0；　　（快速移动至 X0 Z0，模态指令字 G0 有效）
M30；
示例 2：
O0002；
G0 X50 Z5；　　（快速移动至 X50 Z5）
G04 X4；　　（延时 4s）
G04 X5；　　（再次延时 5s，G04 为非模态 G 指令字，必须再次输入）
M30；
示例 3：（上电第一次运行）
O0003；
G98 F500 G01 X100 Z100；　　（G98 每分进给，进给速度为 500mm/min）
G92 X50 W -20 F2 ；　　（螺纹切削，F 值为螺距必须输入）
G99 G01 U10 F0.01　　（G99 每转进给，F 值重新输入）
G00 X80 Z50
M30；

6.1.3 相关定义

以下内容未作特殊说明时，有关词(字)的意义如下：
起点：当前程序段运行前的位置；
终点：当前程序段执行结束后的位置；
X：终点 *X* 轴的绝对坐标；
U：终点与起点 *X* 轴绝对坐标的差值；
Z：终点 *Z* 轴的绝对坐标；
W：终点与起点 *Z* 轴绝对坐标的差值；
F：切削进给速度。

6.2 快速定位 G00

指令格式：G00 X(U) Z(W) ；

指令功能：*X* 轴、*Z* 轴同时从起点以各自的快速移动速度移动到终点如图 6-2 所示。

两轴是以各自独立的速度移动，短轴先到达终点，长轴独立移动剩下的距离，其合成轨迹不一定是直线。

指令说明：

G00 为初态 G 指令；

X、U、Z、W 取值范围为 -9999.999 ~ +9999.999mm；

X(U)、Z(W)可省略一个或全部，当省略一个时，表示该轴的起点和终点坐标值一致；

同时省略表示终点和始点是同一位置，X 与 U、Z 与 W 在同一程序段时 X、Z 有效，U、W 无效。指令轨迹图如图 6-2 所示。

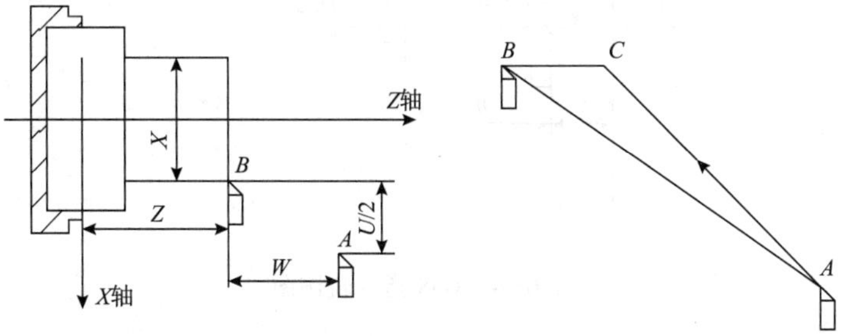

图 6-2　G00 指令轨迹图

X、*Z* 轴各自快速移动速度分别由系统数据参数 No.022、No.023 设定，实际的移动速度可通过机床面板的快速倍率键进行修调。

编程示例：

刀具从 *A* 点快速移动到 *B* 点，如图 6-3 所示。

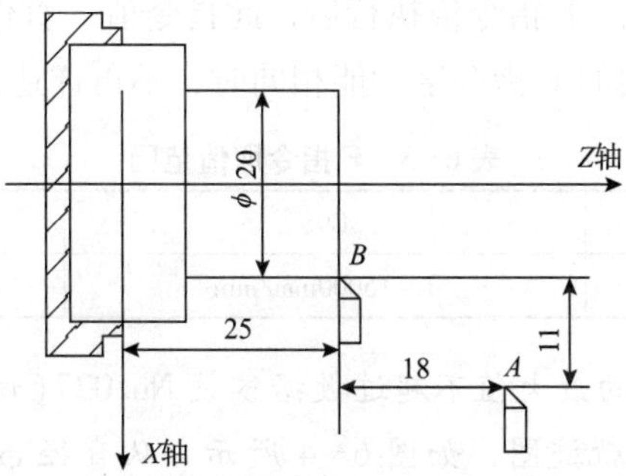

图 6-3　刀具起点终点示意图

G0 X20 Z25；	（绝对坐标编程）
G0 U-22 W-18；	（相对坐标编程）
G0 X20 W-18；	（混合坐标编程）
G0 U-22 Z25；	（混合坐标编程）

6.3 直线插补 G01

指令格式：G01 X(U)__ Z(W)__ F __;

指令功能：运动轨迹为从起点到终点的一条直线。轨迹如图 6-4 所示。

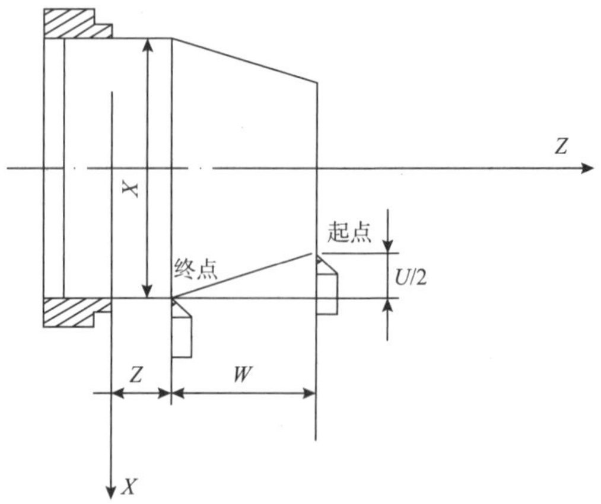

图 6-4　G98 指令轨迹图

指令说明：

G01 为模态 G 指令；

X、U、Z、W 取值范围为 -9999.999 ~ +9999.999mm；

X(U)、Z(W)可省略一个或全部，当省略一个时，表示该轴的起点和终点坐标值一致；同时省略表示终点和始点是同一位置。

F 指令值为 *X* 轴方向和 *Z* 轴方向的瞬时速度的矢量合成速度，实际的切削进给速度为进给倍率与 F 指令值的乘积；F 指令值执行后，此指令值一直保持，直至新的 F 指令值被执行。后述其它 G 指令使用的 F 指令字功能相同时，不再详述。取值范围如表 6-3 所示。

表 6-3　F 指令取值范围

指令功能	G98	G99
取值范围	1 ~ 15000mm/min	0.001 ~ 500mm/r

注意：G98 状态下，F 的最大值不超过数据参数 No.027(切削进给上限速度)设置值，否则将产生报警。G98 指令轨迹图，如图 6-4 所示。从直径 ϕ40 切削到 ϕ60 的程序实例图如图 6-5 所示。

编程示例：

G01 X60 Z7 F500;　　　　(绝对值编程)

G01 U20 W -25;　　　　(相对值编程)

G01 X60 W -25;　　　　(混合编程)

G01 U20 Z7;　　　　(混合编程)

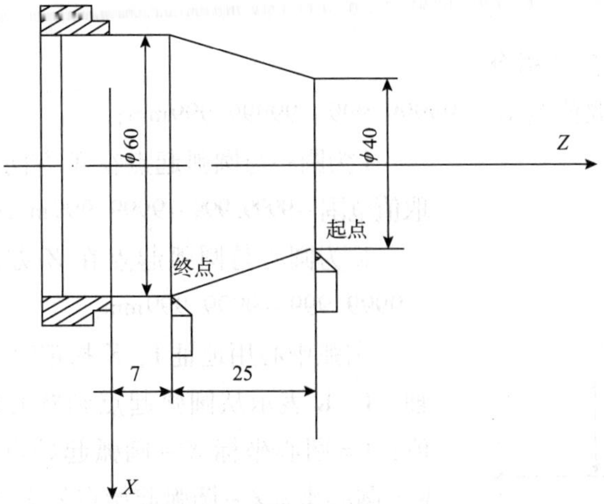

图 6-5　G98 实例

6.4　圆弧插补 G02、G03

指令格式：

$$\left.\begin{matrix}G02\\ \\G03\end{matrix}\right\}X(U)\_\ Z(W)\_\left\{\begin{matrix}R\_;\\ \\I\_\ K\_;\end{matrix}\right.$$

指令功能：

G02 指令运动轨迹为从起点到终点的顺时针(后刀座坐标系)/逆时针(前刀座坐标系)圆弧，轨迹如图 6-6 所示。

G03 指令运动轨迹为从起点到终点的逆时针(后刀座坐标系)/顺时针(前刀座坐标系)圆弧，轨迹如图 6-7 所示。

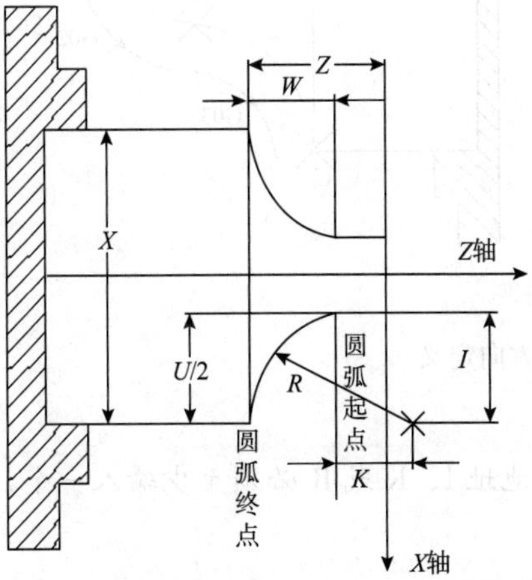

图 6-6　G02 轨迹图

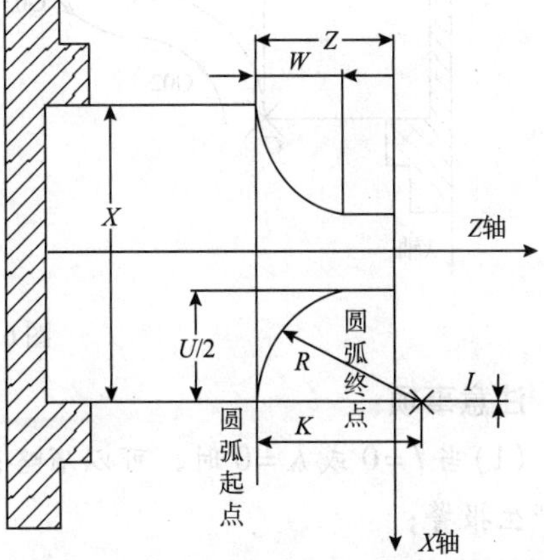

图 6-7　G03 轨迹图

指令说明：

G02 和 G03 为模态 G 指令；

R 为圆弧半径，取值范围 −99999.999～99999.999mm；

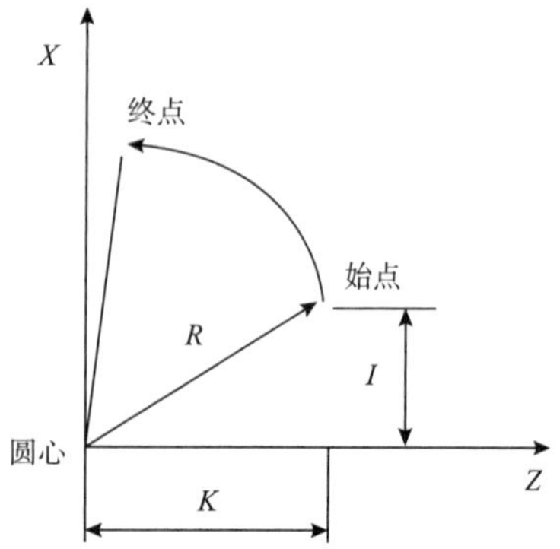

图 6-8　I、K 示意图

I 为圆心与圆弧起点在 X 方向的差值，用半径表示，取值范围 −9999.999～9999.999mm；

K 为圆心与圆弧起点在 Z 方向的差值，取值范围 −9999.999～9999.999mm。

圆弧中心用地址 I、K 指定时，其分别对应于 X，Z 轴。I、K 表示从圆弧起点到圆心的矢量分量，是增量值；I = 圆心坐标 X − 圆弧起始点的 X 坐标（半径值）；K = 圆心坐标 Z − 圆弧起始点的 Z 坐标，如图 6-8 所示。

圆弧方向：G02/ G03 圆弧的方向定义，在前刀座坐标系和后刀座坐标系是相反的，如图 6-9 所示。

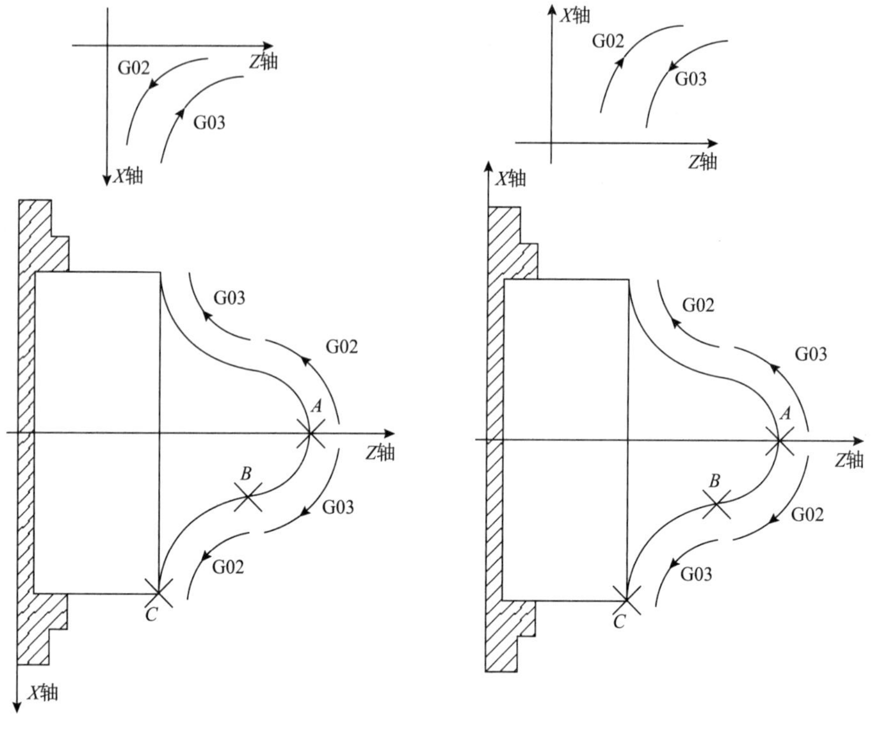

图 6-9　圆弧方向定义

注意事项：

（1）当 $I=0$ 或 $K=0$ 时，可以省略；但指令地址 I、K 或 R 必须至少输入一个，否则系统产生报警；

（2）I、K 和 R 同时输入时，R 有效，I、K 无效；

（3）R 值必须等于或大于起点到终点的一半，如果终点不在用 R 指令定义的圆弧上，系统会产生报警；

(4)地址 X(U)、Z(W)可省略一个或全部；当省略一个时，表示省略的该轴的起点和终点一致；同时省略表示终点和始点是同一位置，若用 I、K 指令圆心时，执行 G02/G03 指令的轨迹为全圆(360°)；用 R 指定时，表示 0°的圆；

(5)建议使用 R 编程。当使用 I、K 编程时，为了保证圆弧运动的始点和终点与指定值一致，系统按半径 $R=\sqrt{I^2+K^2}$ 运动；

(6)若使用 I、K 值进行编程，若圆心到圆弧终点的距离不等于 $R(R=\sqrt{I^2+K^2})$，系统会自动调整圆心位置保证圆弧运动的始点和终点与指定值一致，如果圆弧的始点与终点间距离大于 $2R$，系统报警。

(7)R 指令时，可以是大于 180°和小于 180°圆弧，R 负值时为大于 180°的圆弧，R 正值时为小于或等于 180°的圆弧；

示例：从直径 ϕ45. 25 切削到 ϕ63. 06 的圆弧实例图，如图 6-10 所示。

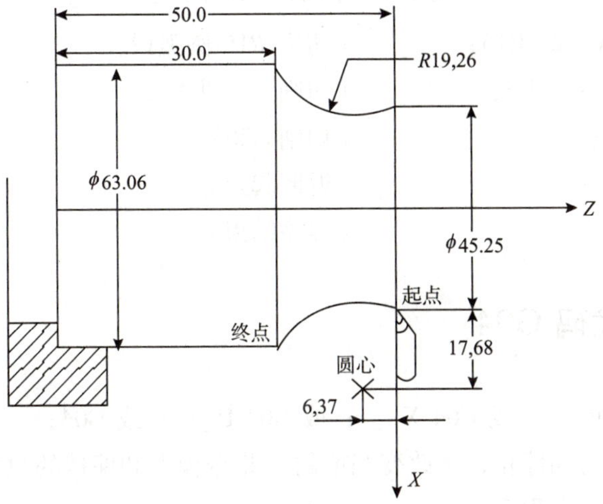

图 6-10 圆弧编程实例

程序如下：

G02 X63. 06 Z -20. 0 R19. 26 F300 ;

或 G02 U17. 81 W -20. 0 R19. 26 F300 ;

或 G02 X63. 06 Z -20. 0 I17. 68 K -6. 37 ;

或 G02 U17. 81 W -20. 0 I17. 68 K -6. 37 F300。

示例：G02/G03 指令综合编程实例，如图 6-11 所示。

程序如下：

O0001

N001 G0 X40 Z5; (快速定位)

N002 M03 S200; (主轴开)

N003 G01 X0 Z0 F900; (靠近工件)

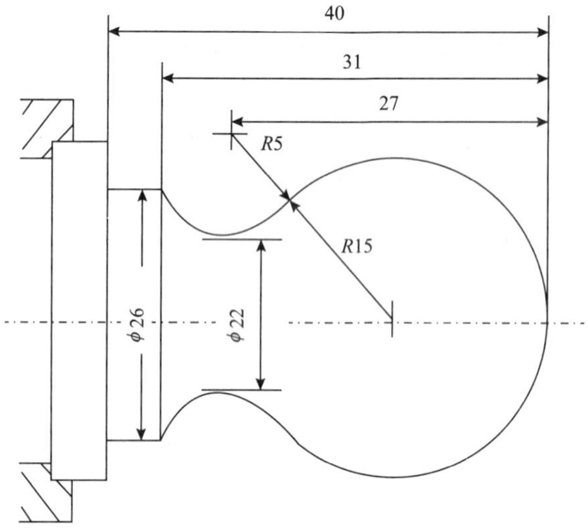

图 6-11 圆弧综合编程实例

N005 G03 U24 W -24 R15; (切削 R15 圆弧段)
N006 G02 X26 Z -31 R5; (切削 R5 圆弧段)
N007 G01 Z -40; (切削 φ26)
N008 X40 Z5; (返回起点)
N009 M30; (程序结束)

6.5 暂停代码 G04

指令格式：G04 P __ ；或 G04 X __ ；或 G04 U __ ；或 G04；

指令功能：各轴运动停止，不改变当前的 G 指令模态和保持的数据和状态，延时给定的时间后，再执行下一个程序段。

指令说明：G04 为非模态 G 指令；G04 延时时间由指令 P、X 或 U 指定；P、X、U 指令值范围为 0.001 ~99999.999s。P、X 或 U 指令值时间单位如表 6-4 所示。

表 6-4 P、X、U 指令值的时间单位

指令	P	U	X
时间单位	0.001s	s	s

注意事项：

(1)当 P、X、U 未输入时表示程序段间准确停；

(2)P、X、U 在同一程序段，P 有效；X、U 在同一程序段，X 有效。

G04 指令执行中，进行进给保持的操作，当前页面下方显示暂停，但 G04 计时没有停止，当计时时间到时，光标停留在下一段程序。

6.6 工件坐标系设定 G50

指令格式：G50 X(U) Z(W)；

指令功能：设置当前位置的绝对坐标，通过设置当前位置的绝对坐标在系统中建立工件坐标系(也称浮动坐标系)。执行本指令后，系统将当前位置作为程序零点，执行回程序零点操作时，返回这一位置。工件坐标系建立后，绝对坐标编程按这个坐标系输入坐标值，直至再次执行 G50 建立新的工件坐标系。

指令说明：G50 为非模态 G 指令；

X：当前位置新的 *X* 轴绝对坐标；Z：当前位置新的 *Z* 轴绝对坐标；

U：当前位置新的 *X* 轴绝对坐标与执行指令前的绝对坐标的差值；

W：当前位置新的 *Z* 轴绝对坐标与执行指令前的绝对坐标的差值；

G50 指令中，X(U)、Z(W)均未输入时，不改变当前坐标值，把当前点坐标值设定为程序零点；未输入 X(U)或 Z(W)，未输入的坐标轴保持原来设定的程序零点(当 G50 SXXXX 时不设置程序零点)。

用 G50 设置坐标系，如图 6-12 所示。当执行指令段“G50 X100 Z150;”后，建立了图示的工件坐标系，并将点(X100 Z150)设置为程序零点。

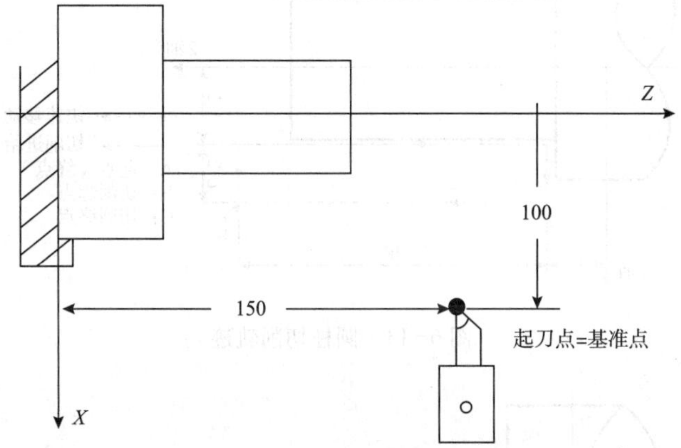

图 6-12 用 G50 设置坐标系

6.7 固定循环指令

为了简化编程，GSK980TDa 提供了只用一个程序段完成快速移动定位、直线/螺纹切削及最后快速移动返回起点的单次加工循环的 G 指令：

G90：轴向切削循环；

G92：螺纹切削循环；

G94：径向切削循环；

G92 螺纹切削固定循环指令在螺纹功能一节中讲述。

6.7.1　轴向切削循环 G90

指令格式：G90 X(U)__ Z(W)__ F __；(圆柱切削)

G90 X(U)__ Z(W)__ R __ F __；(圆锥切削)

指令功能：从切削点开始，进行径向(*X* 轴)进刀、轴向(*Z* 轴或 *X*、*Z* 轴同时)切削，实现柱面或锥面切削循环。

指令说明：G90 为模态指令；

切削起点：直线插补(切削进给)的起始位置；

切削终点：直线插补(切削进给)的结束位置；

X：切削终点 *X* 轴绝对坐标，单位：mm；Z：切削终点 *Z* 轴绝对坐标，单位：mm；

U：切削终点与起点 *X* 轴绝对坐标的差值，单位：mm；

W：切削终点与起点 *Z* 轴绝对坐标的差值，单位：mm；

R：切削起点与切削终点 *X* 轴绝对坐标的差值(半径值)，带方向，当 R 与 U 的符号不一致时，要求 | R | ≤ | U/2 |；R = 0 或缺省输入时，进行圆柱切削，如图 6-13 所示。否则进行圆锥切削，如图 6-14 所示，单位 mm。

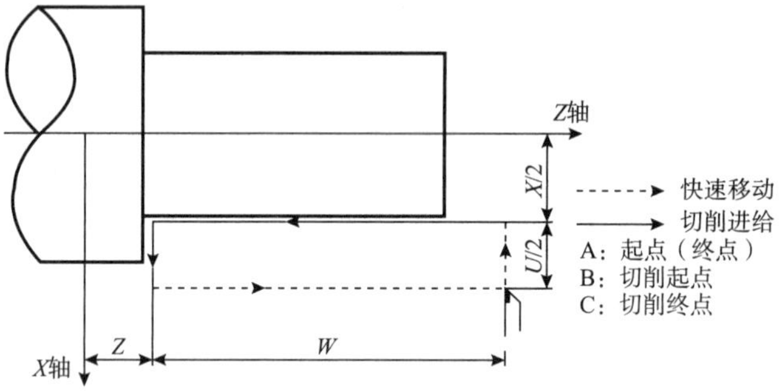

图 6-13　圆柱切削轨迹

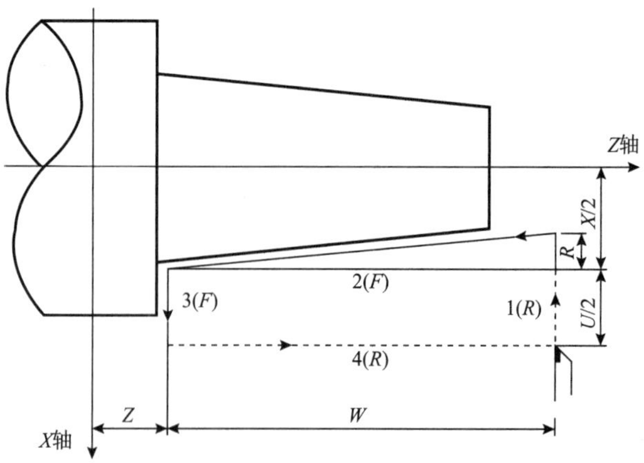

图 6-14　圆锥切削轨迹

循环过程：

(1)*X* 轴从起点快速移动到切削起点；

(2)从切削起点直线插补(切削进给)到切削终点；

(3)*X* 轴以切削进给速度退刀，返回到 *X* 轴绝对坐标与起点相同处；

(4)*Z* 轴快速移动返回到起点，循环结束。

指令轨迹：U、W、R 反映切削终点与起点的相对位置，U、W、R 在符号不同时组合的刀具轨迹如图 6-15 所示。

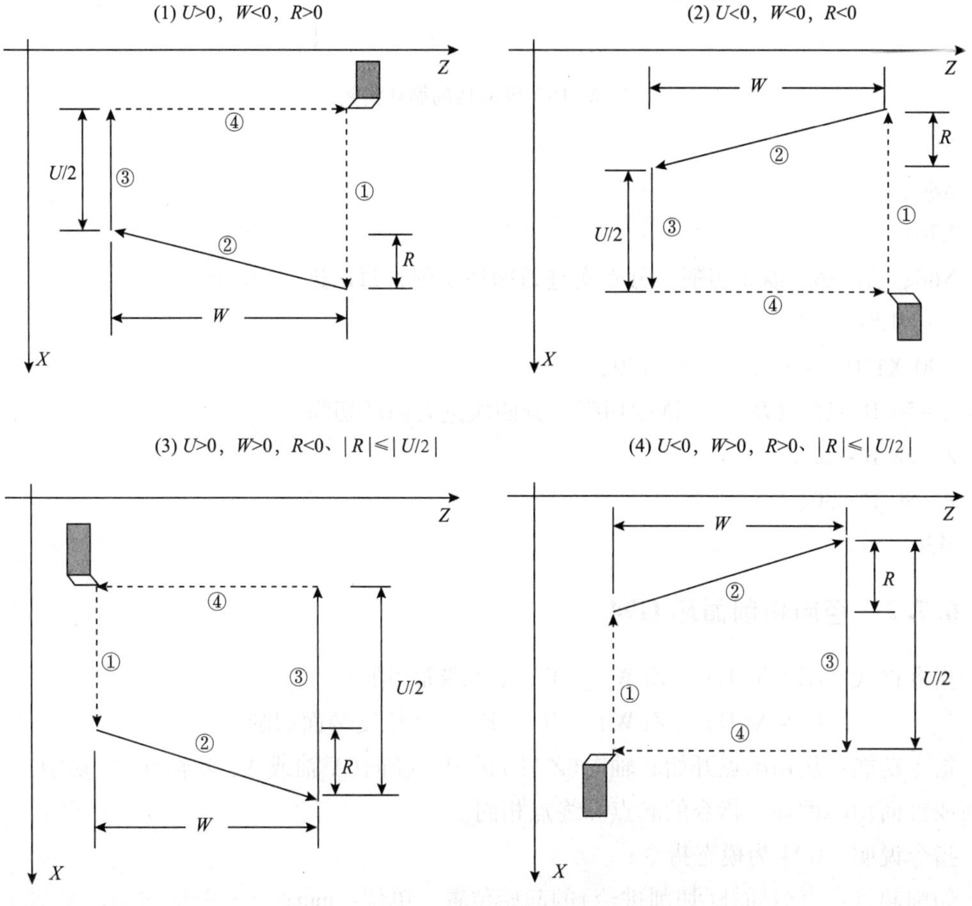

图 6-15　U、W、R 在符号不同时组合的刀具轨迹

轴向切削循环实例如图 6-16 所示，毛坯：$\phi125\times110$。

程序如下：

O0002；

M3 S300 G0 X130 Z3；

G90 X120 Z-110 F200；（*A*→*D*，$\phi120$ 切削）

X110 Z-30；

X100；

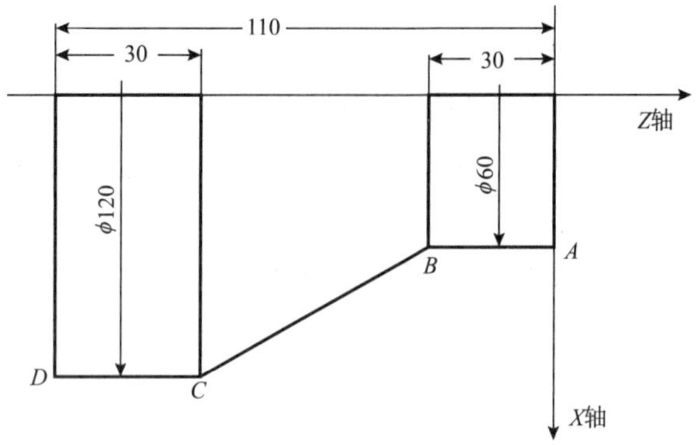

图 6-16　轴向切削循环实例

X90；

X80；

X70；

X60；（$A \to B$，ϕ60 切削，分六次进刀循环切削，每次进刀 10mm）

G0 X120 Z－30；

G90 X120 Z－44 R－7.5 F150；

Z－56 R－15；（$B \to C$，锥度切削，分四次进刀循环切削）

Z－68 R－22.5；

Z－80 R－30；

M30；

6.7.2　径向切削循环 G94

指令格式：G94 X(U)__ Z(W)__ F__；（端面切削）

G94 X(U)__ Z(W)__ R__ F__；（锥度端面切削）

指令功能：从切削点开始，轴向（*Z* 轴）进刀、径向（*X* 轴或 *X*、*Z* 轴同时）切削，实现端面或锥面切削循环，指令的起点和终点相同。

指令说明：G94 为模态指令；

切削起点：直线插补（切削进给）的起始位置，单位：mm；

切削终点：直线插补（切削进给）的结束位置，单位：mm；

X：切削终点 *X* 轴绝对坐标，单位：mm；

U：切削终点与起点 *X* 轴绝对坐标的差值，单位：mm；

Z：切削终点 *Z* 轴绝对坐标，单位：mm；

W：切削终点与起点 *Z* 轴绝对坐标的差值，单位：mm；

R：切削起点与切削终点的 *Z* 轴绝对坐标的差值，当 R 与 U 的符号不同时，要求 $|R| \leqslant |W|$，径向直线切削轨迹如图 6-17 所示，径向锥度切削轨迹如图 6-18 所示，单位 mm。

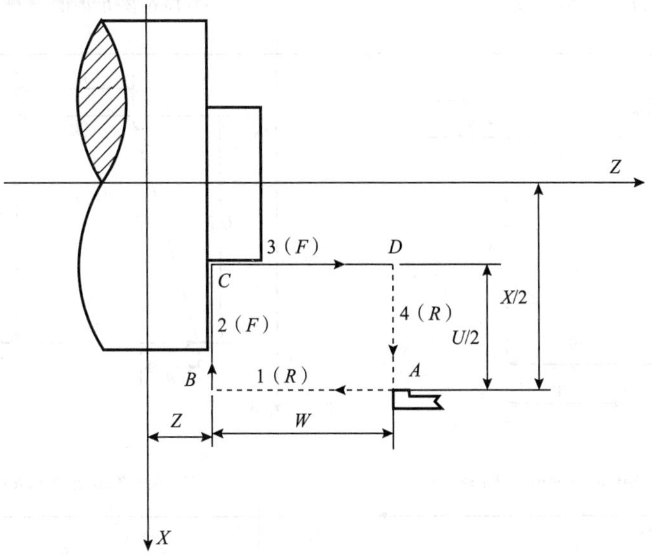

图 6-17　径向直线切削轨迹

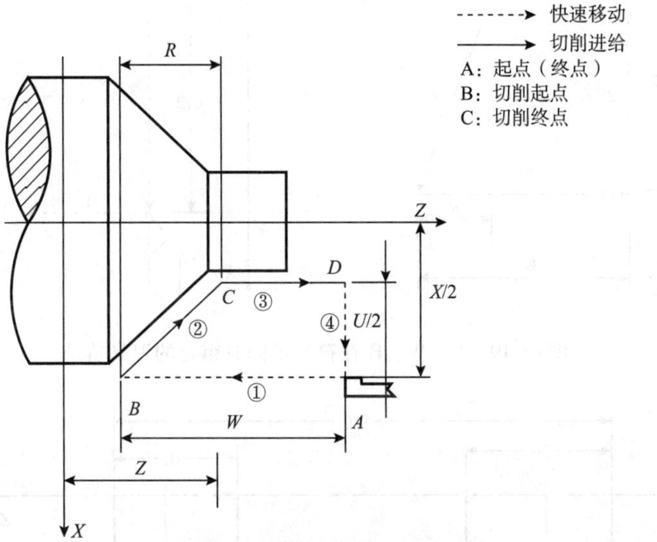

图 6-18　径向锥度切削轨迹

循环过程：

(1) Z 轴从起点快速移动到切削起点；从切削起点直线插补（切削进给）到切削终点；

(2) Z 轴以切削进给速度退刀（与①方向相反），返回到 Z 轴绝对坐标与起点相同处；

(3) X 轴快速移动返回到起点，循环结束。

指令轨迹：U、W、R 反映切削终点与起点的相对位置，U、W、R 在符号不同时组合的刀具轨迹，如图 6-19 所示。径向切削循环实例如图 6-20 所示，毛坯：$\phi125 \times 112$。

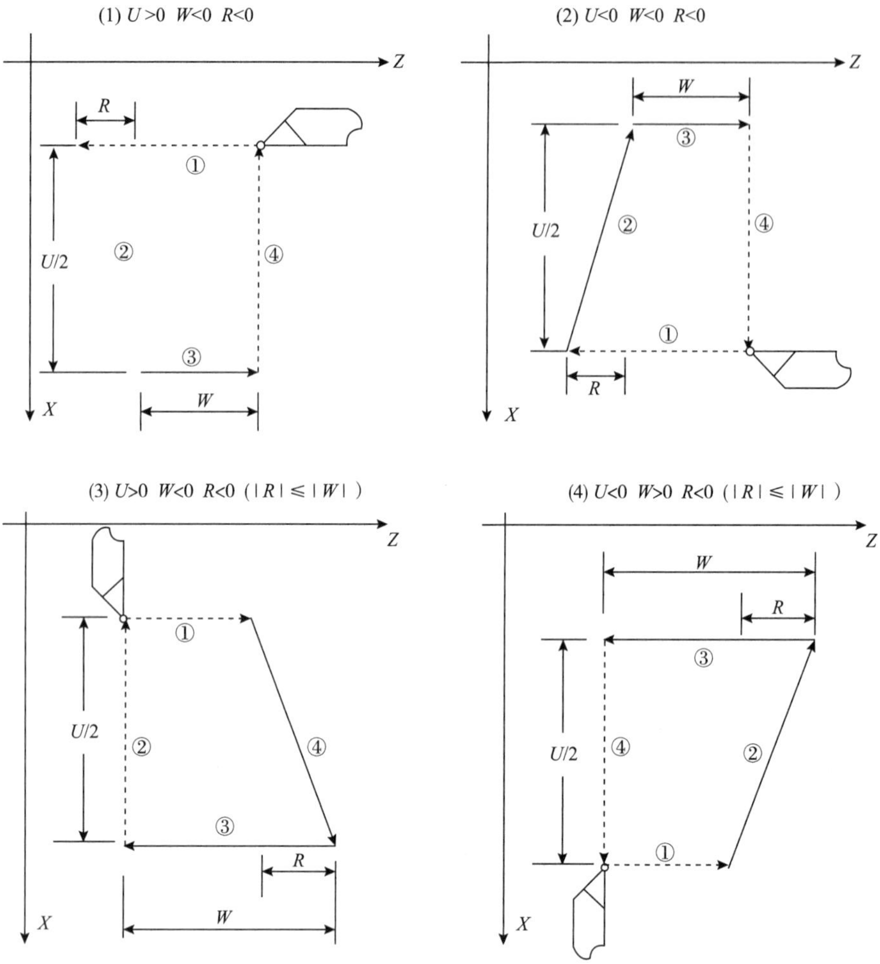

图 6-19　U、W、R 在符号不同时组合的刀具轨迹

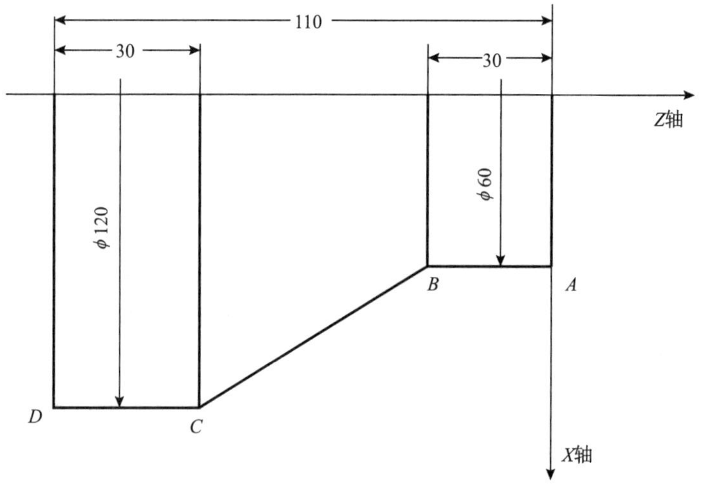

图 6-20　径向切削循环实例

程序如下：

```
O0003;
G00 X130 Z5 M3 S1;
G94 X0 Z0 F200              (端面切削)
X120 Z-110 F300;            (外圆 φ120 切削)
G00 X120 Z0;
G94 X108 Z-30 R-10;
X96 R-20;                   (C→B→A, φ60 切削)
X84 R-30;
X72 R-40;
X60 R-50;
M30;
```

6.7.3 固定循环指令的注意事项

(1)在固定循环指令中，X(U)、Z(W)、R 一经执行，在没有执行新的固定循环指令重新给定 X(U)，Z(W)，R 时，X(U)，Z(W)，R 的指令值保持有效。如果执行了除 G04 以外的非模态(00)G 指令或 G00、G01、G02、G03、G32 时，X(U)、Z(W)、R 保持的指令值被清除。

(2)在录入方式下执行固定循环指令时，运行结束后，必须重新输入指令才可以进行和前面同样的固定循环。

(3)在固定循环 G90～G94 指令的下一个程序段紧跟着使用 M、S、T 指令，G90～G94 指令不会多执行循环一次；下一程序段只有 EOB(;)的程序段时，则固定循环会重复执行前一次循环动作。

示例如下：

```
…
N010 G90 X20.0 Z10.0 F400;
N011 ;(此处重复执行 G90 一次)
…
```

(4)在固定循环 G90、G94 指令中，执行暂停或单段的操作，运动到当前轨迹终点后单段停止。

6.8 多重循环指令

GSK980TDa 的多重循环指令包括：轴向粗车循环 G71、径向粗车循环 G72、封闭切削循环 G73、精加工循环 G70、轴向切槽多重循环 G74、径向切槽多重循环 G75 及多重螺纹切削循环 G76。系统执行这些指令时，根据编程轨迹、进刀量、退刀量等数据自动计算切削次数和切削轨迹，进行多次进刀→切削→退刀→再进刀的加工循环，自动完成工件毛坯的粗、精加工，指令的起点和终点相同。G76 多重螺纹切削循环指令在螺纹功能一节中讲述。

6.8.1 轴向粗车循环 G71

指令格式：

G71 U(Δd) R(e) F S T；(1)

G71 P(ns) Q(nf) U(Δu) W(Δw)；(2)

N(ns) .....；

........；

.... F;

.... S;

.... (3)

·

N(nf).....；

指令意义：G71 指令分为三个部分：

(1)给定粗车时的切削量、退刀量和切削速度、主轴转速及刀具功能的程序段；

(2)给定定义精车轨迹的程序段区间和精车余量的程序段；

(3)定义精车轨迹的若干连续的程序段，执行 G71 时，这些程序段仅用于计算粗车的轨迹，实际并未被执行。

系统根据精车轨迹、精车余量、进刀量、退刀量等数据自动计算粗加工路线，沿与 *Z* 轴平行的方向切削，通过多次进刀→切削→退刀的切削循环完成工件的粗加工。G71 的起点和终点相同。本指令适用于非成型毛坯(棒料)的成型粗车。

相关定义：

精车轨迹：由指令的第(3)部分(ns ~ nf 程序段)给出的工件精加工轨迹，精加工轨迹的起点(即 ns 程序段的起点)与 G71 的起点和终点相同，简称 *A* 点；精加工轨迹的第一段(ns 程序段)只能是 *X* 轴的快速移动或切削进给，ns 程序段的终点简称 *B* 点；精加工轨迹的终点(nf 程序段的终点)简称 *C* 点。精车轨迹为 *A* 点→*B* 点→*C* 点。

粗车轮廓：精车轨迹按精车余量(Δu、Δw)偏移后的轨迹，是执行 G71 形成的轨迹轮廓。精加工轨迹的 *A*、*B*、*C* 点经过偏移后对应粗车轮廓的 *A′*、*B′*、*C′*点，*G*71 指令最终的连续切削轨迹为 *B′*点→*C′*点。

Δd：粗车时 *X* 轴的切削量，取值范围 0.001 ~ 99.999(单位：mm，半径值)，无符号，进刀方向由 ns 程序段的移动方向决定。U(Δd)执行后，指令值 Δd 保持，并把数据参数 No.051 的值修改为 Δd ×1000(单位：0.001mm)。未输入 U(Δd)时，以数据参数 No.051 的值作为进刀量。

e：粗车时 *X* 轴的退刀量，取值范围 0 ~ 99.999(单位：mm，半径值)，无符号，退刀方向与进刀方向相反，R(e)执行后，指令值 e 保持，并把数据参数 No. 052 的值修改为 e×1000(单位：0.001mm)。未输入 R(e)时，以数据参数 No. 052 的值作为退刀量。

ns：精车轨迹的第一个程序段的程序段号；nf：精车轨迹的最后一个程序段的程序段号。

Δu：*X* 轴的精加工余量，取值范围 -9999.999～9999.999(单位：mm，直径)，有符号，粗车轮廓相对于精车轨迹的 *X* 轴坐标偏移，即：*A′*点与 *A* 点 *X* 轴绝对坐标的差值。U(Δu) 未输入时，系统按 Δu=0 处理，即：粗车循环 *X* 轴不留精加工余量。

Δw：*Z* 轴的精加工余量，取值范围 -9999.999～9999.999(单位：mm)，有符号，粗车轮廓相对于精车轨迹的 *Z* 轴坐标偏移，即：*A′*点与 *A* 点 *Z* 轴绝对坐标的差值。W(Δw) 未输入时，系统按 Δw=0 处理，即：粗车循环 *Z* 轴不留精加工余量。

F：切削进给速度；S：主轴转速；T：刀具号和刀具偏置号。

M、S、T、F：可在第一个 G71 指令或第二个 G71 指令中，也可在 ns～nf 程序中指定。在 G71 循环中，ns～nf 间程序段号的 M、S、T、F 功能都无效，仅在有 G70 精车循环的程序段中才有效。指令执行过程如图 6-21 所示。

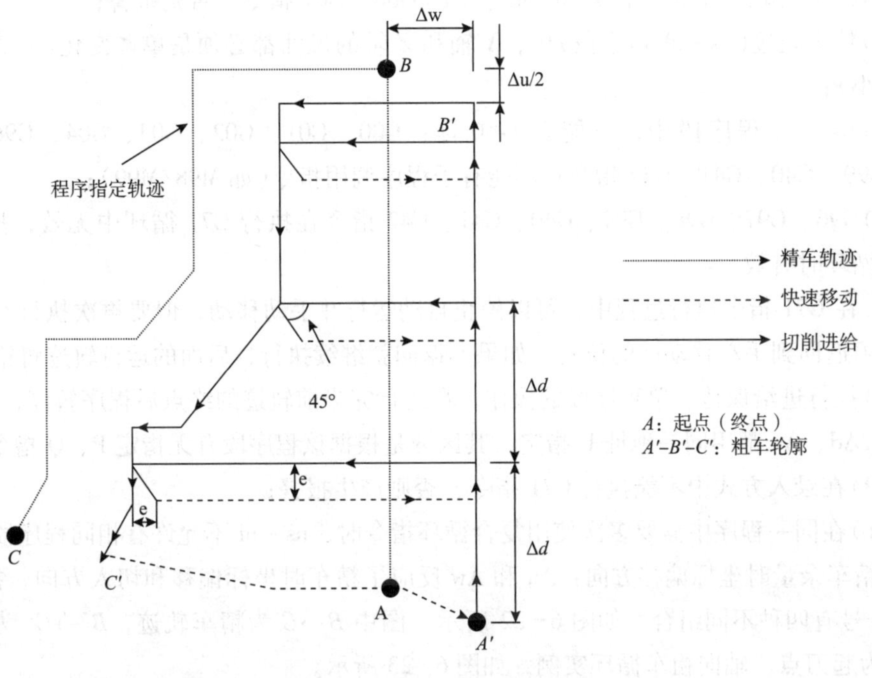

图 6-21 G71 指令执行过程

(1)从起点 *A* 点快速移动到 *A′*点，*X* 轴移动 Δu、*Z* 轴移动 Δw；

(2)从 *A′*点 *X* 轴移动 Δd(进刀)，ns 程序段是 G0 时按快速移动速度进刀，ns 程序段是 G1 时按 G71 的切削进给速度 F 进刀，进刀方向与 *A* 点→*B* 点的方向一致；

(3)*Z* 轴切削进给到粗车轮廓，进给方向与 *B* 点→*C* 点的 *Z* 轴坐标变化一致；

(4)*X* 轴和 *Z* 轴按切削进给速度退刀 e(45°直线)，退刀方向与各轴进刀方向相反；

(5) Z 轴以快速移动速度退回到与 A' 点 Z 轴绝对坐标相同的位置；

(6)如果 X 轴再次进刀($\Delta d+e$)后，移动的终点仍在 A' 点→B' 点的连线中间(未达到或超出 B' 点)，X 轴再次进刀($\Delta d+e$)，然后执行(3)；如果 X 轴再次进刀($\Delta d+e$)后，移动的终点到达 B' 点或超出了 A' 点→B' 点的连线，X 轴进刀至 B' 点，然后执行(7)；

(7)沿粗车轮廓从 B' 点切削进给至 C' 点；

(8)从 C' 点快速移动到 A 点，G71 循环执行结束，程序跳转到 nf 程序段的下一个程序段执行。

指令说明：

(1) ns ~ nf 程序段必须紧跟在 G71 程序段后编写。如果在 G71 程序段前编写，系统自动搜索到 ns ~ nf 程序段并执行，执行完成后，按顺序执行 nf 程序段的下一程序，因此会引起重复执行 ns ~ nf 程序段；

(2)执行 G71 时，ns ~ nf 程序段仅用于计算粗车轮廓，程序段并未被执行。ns ~ nf 程序段中的 F、S、T 指令在执行 G71 循环时无效，此时 G71 程序段的 F、S、T 指令有效；执行 G70 精加工循环时，ns ~ nf 程序段中的 F、S、T 指令有效；

(3) ns 程序段只能是不含 Z(W)指令字的 G00、G01 指令，否则报警；

(4)精车轨迹(ns ~ nf 程序段)中，X 轴和 Z 轴的尺寸都必须是单调变化(一直增大或一直减小)；

(5) ns ~ nf 程序段中，只能有 G 功能：G00、G01、G02、G03、G04、G96、G97、G98、G99、G40、G41、G42 指令；不能有子程序调用指令(如 M98/M99)；

(6) G96、G97、G98、G99、G40、G41、G42 指令在执行 G71 循环中无效，执行 G70 精加工循环时有效；

(7)在 G71 指令执行过程中，可以停止自动运行并手动移动，但要再次执行 G71 循环时，必须返回到手动移动前的位置。如果不返回就继续执行，后面的运行轨迹将错位；

(8)执行进给保持、单程序段的操作，在运行完当前轨迹的终点后程序暂停；

(9) Δd、Δu 都用同一地址 U 指定，其区分是根据该程序段有无指定 P、Q 指令；

(10)在录入方式中不能执行 G71 指令，否则产生报警；

(11)在同一程序中需要多次使用复合循环指令时，ns ~ nf 不允许有相同程序段号。

留精车余量时坐标偏移方向：Δu 和 Δw 反应了精车时坐标偏移和切入方向，按 Δu 和 Δw 的符号有四种不同组合，如图 6-22 所示。图中 B→C 为精车轨迹，B'→C' 为粗车轮廓，A 为起刀点。轴向粗车循环实例，如图 6-23 所示。

程序如下：

```
O0004;
G00 X200 Z10 M3 S800;        (主轴正转，转速 800r/min)
G71 U2 R1 F200;              (每次切深 4mm，退刀 2mm，[直径])
G71 P80 Q120 U1 W2;          (对 a→e 粗车加工，余量 X 方向 1mm，Z 方向 2mm)
N80 G00 X40 S1200;           (定位)
```

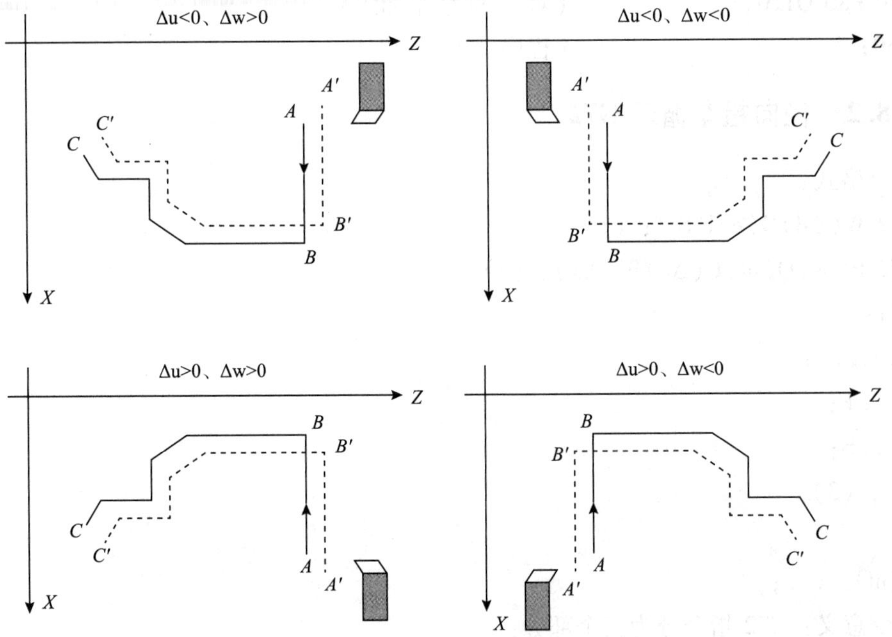

图 6-22 精车时 Δu、Δw 坐标偏移和切入方向

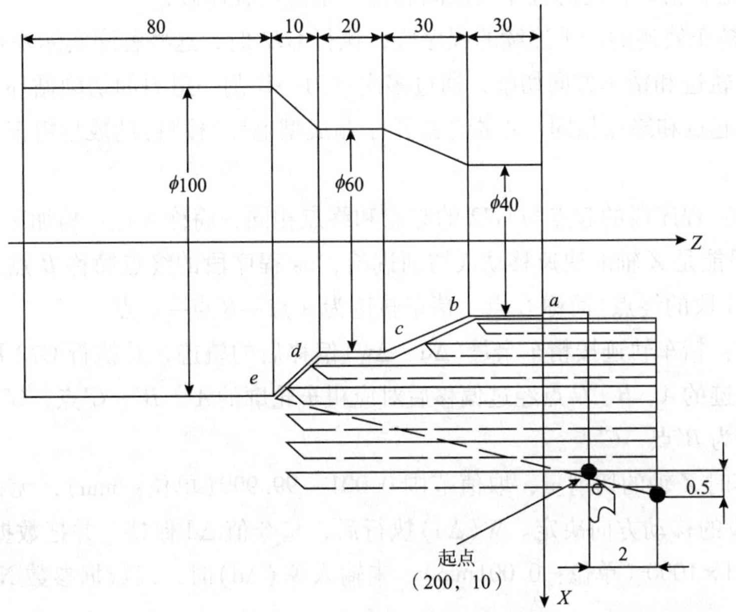

图 6-23 轴向粗车循环实例

G01 Z－30 F100；	(*a*→*b*)
X60 W－30；	(*b*→*c*)
W－20；	(*c*→*d*)
N120 X100 W－10；	(*d*→*e*)精加工路线 *a*→*b*→*c*→*d*→*e* 程序段

G70 P80 Q120;　　　　　　　(对 *a*→*e* 精车加工)
M30;　　　　　　　　　　　(程序结束)

6.8.2　径向粗车循环 G72

指令格式:
G72 W(Δd)R(e)F S T; (1)
G72 P(ns)Q(nf)U(Δu)W(Δw); (2)
N(ns)..... ;
.... ;
..... F;
..... S;
... ; (3)
·
N(nf)..... ;

指令意义: G72 指令分为三个部分:

(1)给定粗车时的切削量;

(2)给定定义精车轨迹的程序段区间和精车余量的程序段;

(3)定义精车轨迹的若干连续的程序段,执行 G72 时,这些程序实际并未被执行。

根据精车轨迹和精车方向切削,通过多次进刀→切削→退刀的切削循环完成工件的粗加工,G72 的起点和终点相同。本指令适用于非成型毛坯(棒料)的成型粗车。

相关定义:

精车轨迹:程序段的起点与 G72 的起点和终点相同,简称 *A* 点;精加工轨迹的第一段(ns 程序段)只能是 *Z* 轴的快速移动或切削进给,ns 程序段的终点简称 *B* 点;精加工轨迹的终点(nf 程序段的终点)简称 *C* 点。精车轨迹为 *A* 点→*B* 点→*C* 点。

粗车轮廓:精车轨迹按精车余量(Δu、Δw)偏移后的轨迹,是执行 G72 形成的轨迹轮廓。精加工轨迹的 *A*、*B*、*C* 点经过偏移后对应粗车轮廓的 *A'*、*B'*、*C'*点,G72 指令最终的连续切削轨迹为 *B'*点→*C'*点。

Δd:粗车时 *Z* 轴的切削量,取值范围 0.001 ~99.999(单位:mm),无符号,进刀方向由 ns 程序段的移动方向决定。W(Δd)执行后,指令值 Δd 保持,并把数据参数 No.051 的值修改为 Δd×1000 (单位:0.001mm)。未输入 W(Δd)时,以数据参数 No.051 的值作为进刀量。

e:粗车时 *Z* 轴的退刀量,取值范围 0 ~99.999(单位:mm),无符号,退刀方向与进刀方向相反,R(e)执行后,指令值 e 保持,并把数据参数 No.052 的值修改为 e×1000(单位:0.001mm)。未输入 R(e)时,以数据参数 No.052 的值作为退刀量。

ns:精车轨迹的第一个程序段的程序段号。

nf:精车轨迹的最后一个程序段的程序段号。

Δu：粗车时 *X* 轴留出的精加工余量，取值范围 -9999.999 ~ 9999.999（粗车轮廓相对精车轨迹的 *X* 轴坐标偏移，即：*A'*点与 *A* 点 *X* 轴绝对坐标的差值，单位：mm，直径，有符号）。

Δw：粗车时 *Z* 轴留出的精加工余量，取值范围 -9999.999 ~ 9999.999（粗车轮廓相对精车轨迹的 *Z* 轴坐标偏移，即：*A'*点与 *A* 点 *Z* 轴绝对坐标的差值，单位：mm，有符号）。

F：切削进给速度；S：主轴转速；T：刀具号和刀具偏置号。

M、S、T、F：可在第一个 G72 指令或第二个 G72 指令中，也可在 ns ~ nf 程序中指定。在 G72 循环中，ns ~ nf 之间程序段中的 M、S、T、F 功能都无效，仅在有 G70 精车循环的程序段中才有效。指令执行过程，如图 6-24 所示。

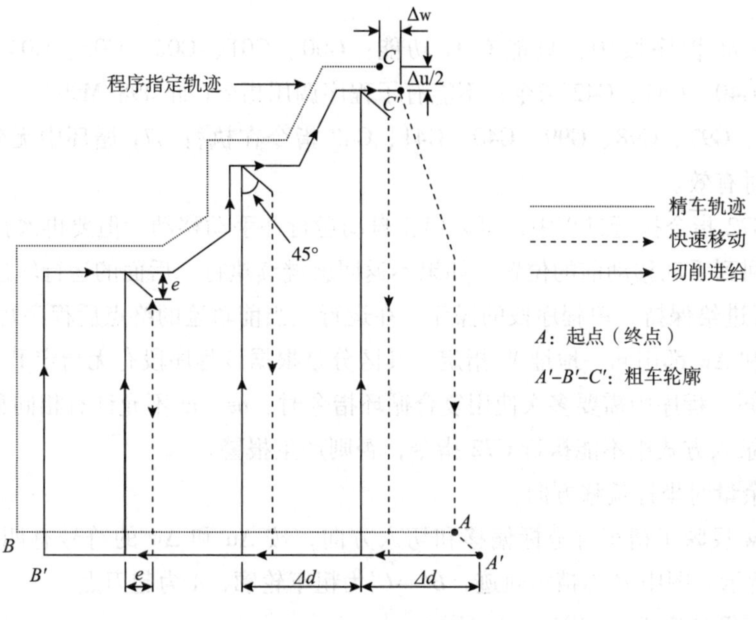

图 6-24　G72 指令执行过程

（1）从起点 *A* 点快速移动到 *A'*点，*X* 轴移动 Δu，*Z* 轴移动 Δw；

（2）从 *A'*点 *Z* 轴移动 Δd（进刀），ns 程序段是 G0 时按快速移动速度进刀，ns 程序段是 G1 时按 G72 的切削进给速度 F 进刀，进刀方向与 *A* 点→*B* 点的方向一致；

（3）*X* 轴切削进给到粗车轮廓，进给方向与 *B* 点→*C* 点 *X* 轴坐标变化一致；

（4）*X* 轴和 *Z* 轴按切削进给速度退刀 e（45°直线），退刀方向与各轴进刀方向相反；

（5）*X* 轴以快速移动速度退回到与 *A'*点 *Z* 轴绝对坐标相同的位置；

（6）如果 *Z* 轴再次进刀（Δd + e）后，移动的终点仍在 *A'*点→*B'*点的连线中间（未达到或超出 *B'*点），*Z* 轴再次进刀（Δd + e），然后执行（3）；如果 *Z* 轴再次进刀（Δd + e）后，移动的终点到达 *B'*点或超出了 *A'*点→*B* 点的连线，*Z* 轴进刀至 *B'*点，然后执行（7）；

（7）沿粗车轮廓从 *B'*点切削进给至 *C'*点；

（8）从 *C'*点快速移动到 *A* 点，G72 循环执行结束，程序跳转到 nf 程序段的下一个程序段执行。

指令说明：

(1)ns ~ nf 程序段必须紧跟在 G72 程序后编写。如果在 G72 程序段前编写，系统自动搜索到 ns ~ nf 程序段并执行，执行完成后，按顺序执行 nf 程序段的下一程序，因此会引起重复执行 ns ~ nf 程序段；

(2)执行 G72 时，ns ~ nf 程序段仅用于计算粗车轮廓，程序段并未被执行。ns ~ nf 程序段中的 F、S 指令在执行 G72 循环时无效，此时 G72 程序段的 F、S、T 指令有效。执行 G70 精加工循环时，ns ~ nf 程序段中的 F、S、T 指令有效；

(3)ns 程序段只能是不含 X(U)指令字的 G00、G01 指令，否则报警；

(4)精车轨迹(ns ~ nf 程序段)中，*X* 轴和 *Z* 轴的尺寸都必须是单调变化(一直增大或一直减小)；

(5)ns ~ nf 程序段中，只能有 G 功能：G00、G01、G02、G03、G04、G96、G97、G98、G99、G40、G41、G42 指令；不能有子程序调用指令(如 M98/M99)

(6)G96、G97、G98、G99、G40、G41、G42 指令在执行 G71 循环中无效，执行 G70 精加工循环时有效。

(7)在 G72 指令执行过程中，可以停止自动运行并手动移动，但要再次执行 G72 循环时，必须返回到手动移动前的位置。如果不返回就继续执行，后面的运行轨迹将错位；

(8)执行进给保持、单程序段的操作，在运行完当前轨迹的终点后程序暂停；

(9)Δd 和 Δw 都用同一地址 W 指定，其区分是根据该程序段有无指定 P、Q 指令字；

(10)在同一程序中需要多次使用复合循环指令时，ns ~ nf 不允许有相同程序段号；

(11)在录入方式中不能执行 G72 指令，否则产生报警。

留精车余量时坐标偏移方向：

Δu 和 Δw 反映了精车时坐标偏移和切入方向，按 Δu 和 Δw 的符号有四种不同组合，如图 6-25 所示。图中 *B* 为精车轨迹，*B′*→*C′*为粗车轮廓，*A* 为起刀点。

径向粗车循环实例，如图 6-26 所示。

程序如下：

```
O0005;
G00 X176 Z10 M03 S500;      (主轴正转，转速500r/min)
G72 W2.0 R0.5 F300;         (进刀量2mm，退刀量0.5mm)
G72 P10 Q20 U0.2 W0.1;      (对a→d粗车，X留0.2mm，Z留0.1mm余量)
N10 G00 Z-55 S800 ;         (快速移动)
G01 X160 F120;              (进刀至a点)
X80 W20;                    (加工a→b)
W15;                        (加工b→c)
N20 X40 W20 ;               (加工c→d)
G70 P10 Q20;                (精加工a→d)
M30;
```

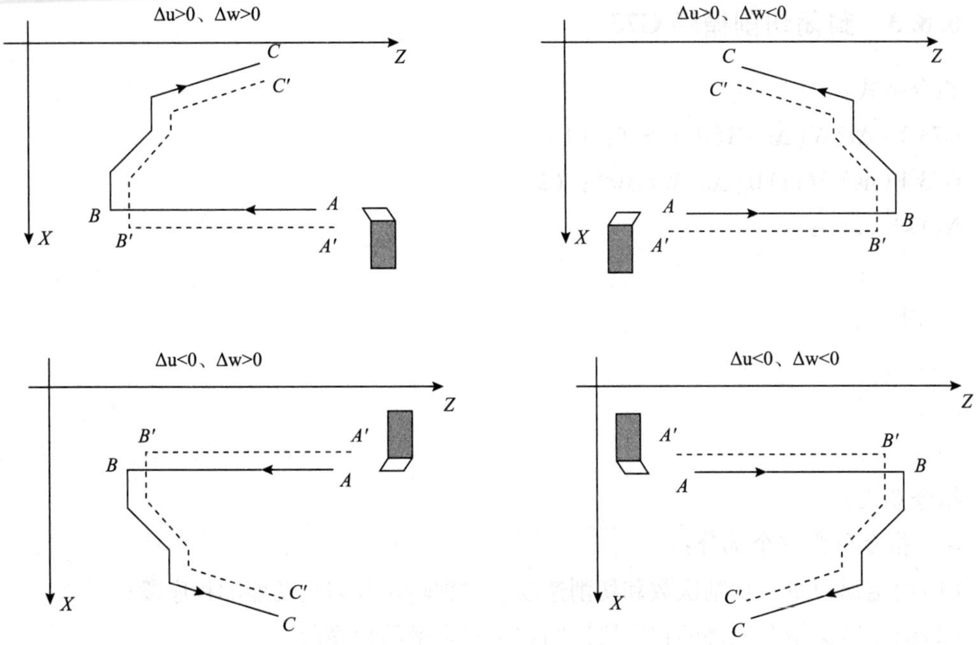

图 6-25 精车时 Δu、Δw 坐标偏移和切入方向

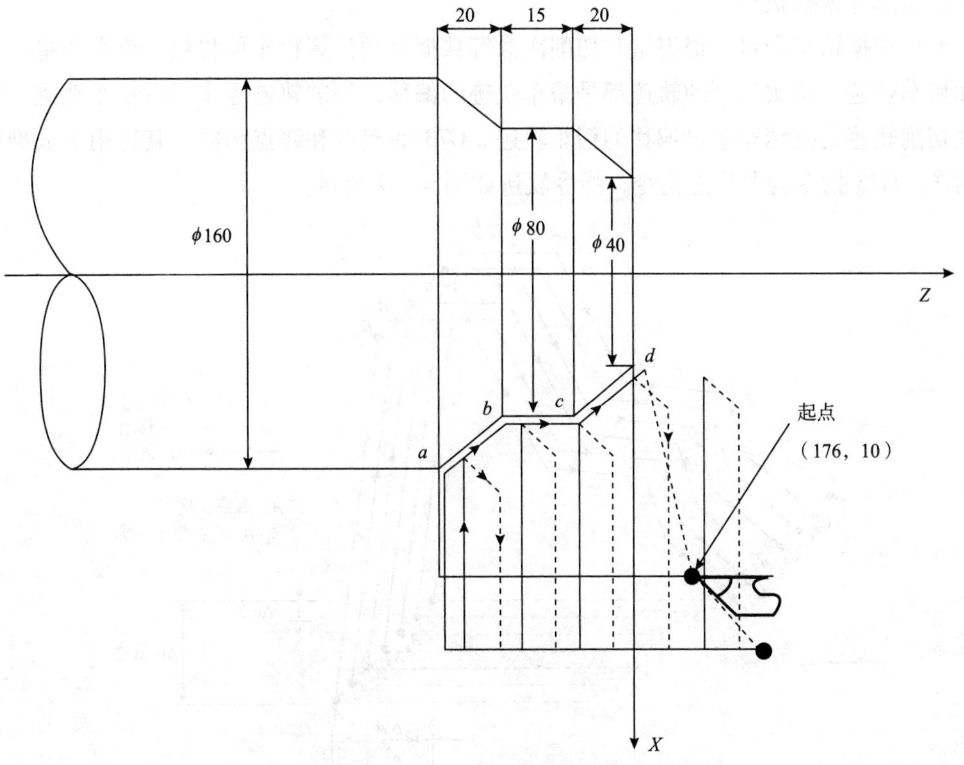

图 6-26 径向粗车循环实例

6.8.3 封闭切削循环 G73

指令格式：

G73 U(Δi)W(Δk)R(d)F S T；(1)

G73 P(ns)Q(nf)U(Δu)W(Δw)；(2)

N(ns)..... ;

.... ;

....F;

....S;

....；(3)

N(nf)..... ;

指令意义：

G73 指令分为三个部分：

(1)给定退刀量、切削次数和切削速度、主轴转速及刀具功能的程序段；

(2)给定定义精车轨迹的程序段区间和精车余量的程序段；

(3)定义精车轨迹的若干连续的程序段，执行 G73 时，这些程序段仅用于计算粗车的轨迹，实际并未被执行。

系统根据精车余量、退刀量和切削次数等数据自动计算粗车偏移量、粗车的单次进刀量和粗车轨迹，每次切削的轨迹都是精车轨迹的偏移，切削轨迹逐步靠近精车轨迹，最后一次切削轨迹为按精车余量偏移的精车轨迹。G73 的起点和终点相同，其适用于成型毛坯的粗车。G73 指令为非模态指令，指令轨迹如图 6-27 所示。

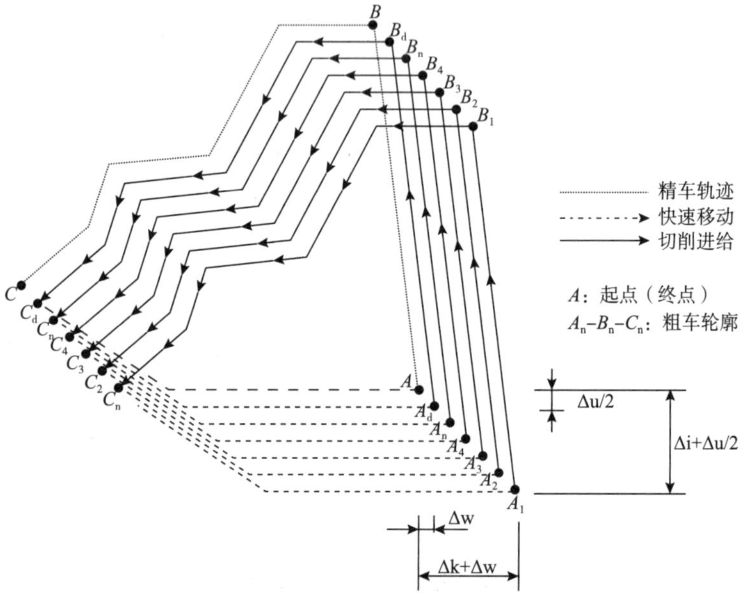

图 6-27　G73 指令执行过程

相关定义：

精车轨迹：由指令的第(3)部分(ns ~ nf 程序段)给出的工件精加工轨迹，精加工轨迹的起点(即 ns 程序段的起点)与 G73 的起点和终点相同，简称 A 点；精加工轨迹的第一段(ns 程序段)的终点简称 B 点；精加工轨迹的终点(nf 程序段的终点)简称 C 点。精车轨迹为 A 点→B 点→C 点。

粗车轨迹：为精车轨迹的一组偏移轨迹，粗车轨迹数量与切削次数相同。坐标偏移后，精车轨迹的 A、B、C 点分别对应粗车轨迹的 A_n、B_n、C_n 点(n 为切削的次数，第一次切削表示为 A_1、B_1、C_1 点，最后一次表示为 A_d、B_d、C_d 点)。第一次切削相对精车轨迹的坐标偏移量为($\Delta i \times 2 + \Delta u$，$\Delta w + \Delta k$)(按直径编程表示)，最后一次切削相对于精车轨迹的坐标偏移量为(Δu，Δw)，每一次切削相对于上一次切削轨迹的坐标偏移量为：

$$\left(- \frac{\Delta i \times 2}{1000d - 2} - \frac{\Delta k}{1000d - 1} \right) \tag{6-1}$$

Δi：X 轴粗车退刀量，取值范围 −9999.999 ~ 9999.999(单位：mm，半径值，有符号)，Δi 等于 A_1 点相对于 A_d 点的 X 轴坐标偏移量(半径值)，粗车时 X 轴的总切削量(半径值)等于 $|\Delta i|$，X 轴的切削方向与 Δi 的符号相反：$\Delta i > 0$，粗车时向 X 轴的负方向切削。Δi 代码值执行后保持，并把系统数据参数 No. 053 的值修改为 $\Delta i \times 1000$(单位：0.001mm)。未输入 U(Δi)时，以数据参数 No. 053 的值作为 X 轴粗车退刀量。

Δk：Z 轴粗车退刀量，取值范围 −9999.999 ~ 9999.999(单位：mm，有符号)，Δk 等于 A_1 点相对于 A_d 点的 Z 轴坐标偏移量，粗车时 Z 轴的总切削量等于 $|\Delta k|$，Z 轴的切削方向与 Δk 的符号相反：$\Delta k > 0$，粗车时向 Z 轴的负方向切削。Δk 代码值执行后保持，并把数据参数 No. 054 的值修改为 $\Delta k \times 1000$(单位：0.001mm)。未输入 W(Δk)时，以数据参数 No. 054 的值作为 Z 轴粗车退刀量。

d：切削的次数，取值范围 1 ~ 9999(单位：次)，R5 表示 5 次切削完成封闭切削循环。R(d)代码值执行后保持，并将数据参数 No. 055 的值修改为 d(单位：次)。未输入 R(d)时，以数据参数 No. 055 的值作为切削次数。如果切削次数为 1，系统将按 2 次切削完成封闭切削循环。

ns：精车轨迹的第一个程序段的程序段号。

nf：精车轨迹的最后一个程序段的程序段号。

Δu：X 轴的精加工余量，取值范围 −9999.999 ~ 9999.999(单位：mm，直径，有符号)，最后一次粗车轨迹相对于精车轨迹的 X 轴坐标偏移，即：A_1 点相对于 A 点 X 轴绝对坐标的差值。$\Delta u > 0$，最后一次粗车轨迹相对于精车轨迹向 X 轴的正方向偏移。未输入 U(Δu)时，系统按 $\Delta u = 0$ 处理，即：粗车循环 X 轴不留精加工余量。

Δw：Z 轴的精加工余量，取值范围 −9999.999 ~ 9999.999(单位：mm，有符号)，最后一次粗车轨迹相对于精车轨迹的 Z 轴坐标偏移，即：A_1 点相对于 A 点 Z 轴绝对坐标的差值。$\Delta w > 0$，最后一次粗车轨迹相对于精车轨迹向 Z 轴的正方向偏移。未输入 W(Δw)时，系统按 $\Delta w = 0$ 处理，即：粗车循环 Z 轴不留精加工余量。

F：切削进给速度；S：主轴转速；T：刀具号和刀具偏置号。

M、S、T、F：指令字可在第一个 G73 代码或第二个 G73 代码中，也可在 ns ~ nf 程序中指定。在 G73 循环中，ns ~ nf 之间程序段中的 M、S、T、F 功能都无效，仅在有 G70 精车循环的程序段中才有效。代码执行过程如图 6-27 所示。

①$A \to A_1$：快速移动；

②$A_1 \to B_1 \to C_1$：第一次粗车，

$A_1 \to B_1$：ns 程序段是 G0 时按快速移动速度，ns 程序段是 G1 时按 G73 指定的进给速度；

$B_1 \to C_1$：切削进给。

③$C_1 \to A_2$：快速移动；

④$A_2 \to B_2 \to C_2$：第二次粗车，

$A_2 \to B_2$：ns 程序段是 G0 时按快速移动速度，ns 程序段是 G1 时按 G73 指定的进给速度；

$B_2 \to C_2$：切削进给。

$C_2 \to A_3$：快速移动；

…………第 n 次粗车，$A_n \to B_n \to C_n$：

$A_n \to B_n$：ns 程序段是 G0 时按快速移动速度，ns 程序段是 G1 时按 G73 指定的进给速度；

$B_n \to C_n$：切削进给。

$C_n \to A_n + 1$：快速移动；

…………最后一次粗车，$A_d \to B_d \to C_d$：

$A_d \to B_d$：ns 程序段是 G0 时按快速移动速度，ns 程序段是 G1 时按 G73 指定的进给速度；

$B_d \to C_d$：切削进给。

$C_d \to A$：快速移动到起点；

G73 指令说明：

(1) ns ~ nf 程序段必须紧跟在 G73 程序段后编写。ns ~ nf 程序段如果在 G73 程序段前编写，系统能自动搜索到 ns ~ nf 程序段并执行，执行完成后，按顺序执行 nf 程序段的下一程序，因此会引起重复执行 ns ~ nf 程序段。

(2) 执行 G73 时，ns ~ nf 程序段仅用于计算粗车轮廓，程序段并未被执行。ns ~ nf 程序段中的 F、S、T 指令在执行 G73 时无效，此时 G73 程序段的 F、S、T 指令有效。执行 G70 精加工循环时，ns ~ nf 程序段中的 F、S、T 指令有效。

(3) ns 程序段只能是 G00、G01 指令。

(4) ns ~ nf 程序段中，只能有下列 G 功能：G00、G01、G02、G03、G04、G96、G97、G98、G99、G40、G41、G42 指令；不能有子程序调用代码(如 M98/M99)。

(5) G96、G97、G98、G99、G40、G41、G42 指令在执行 G73 循环中无效，执行 G70

精加工循环时有效。

(6)在 G73 指令执行过程中，可以停止自动运行并手动移动，但要再次执行 G73 循环时，必须返回到手动移动前的位置。如果不返回就继续执行，后面的运行轨迹将错位。

(7)执行进给保持、单程序段的操作，在运行完当前轨迹的终点后程序暂停。

(8)Δi、Δu 都用同一地址 U 指定，Δk、Δw 都用同一地址 W 指定，其区分是根据该程序段有无指定 P、Q 指令。

(9)在录入方式中不能执行 G73 指令，否则产生报警。

(10)在同一程序中需要多次使用复合循环指令时，ns ~ nf 不允许有相同程序段号。

留精车余量时坐标偏移方向：

(1)Δi、Δk 反映了粗车时坐标偏移和切入方向，Δu 和 Δw 反映了精车时坐标偏移和切入方向；

(2)Δi、Δk、Δu、Δw 可以有多种组合，在一般情况下，通常 Δi 与 Δu 的符号一致，Δk 与 Δw 的符号一致，常用有四种组合，如图 6-28 所示。

(3)图中，*A* 为起刀点，*B*→*C* 为工件轮廓，*B′*→*C′* 为粗车轮廓，*B″*→*C″* 为精车轨迹。

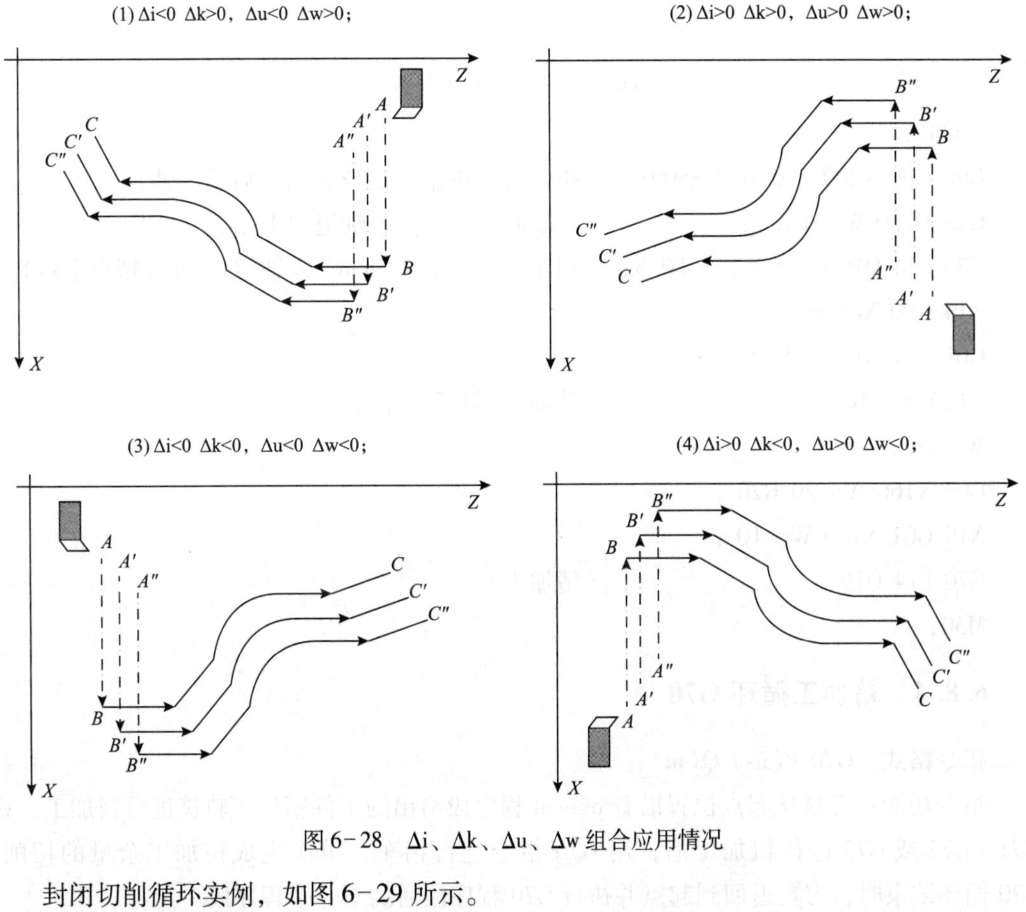

图 6-28 Δi、Δk、Δu、Δw 组合应用情况

封闭切削循环实例，如图 6-29 所示。

程序如下：

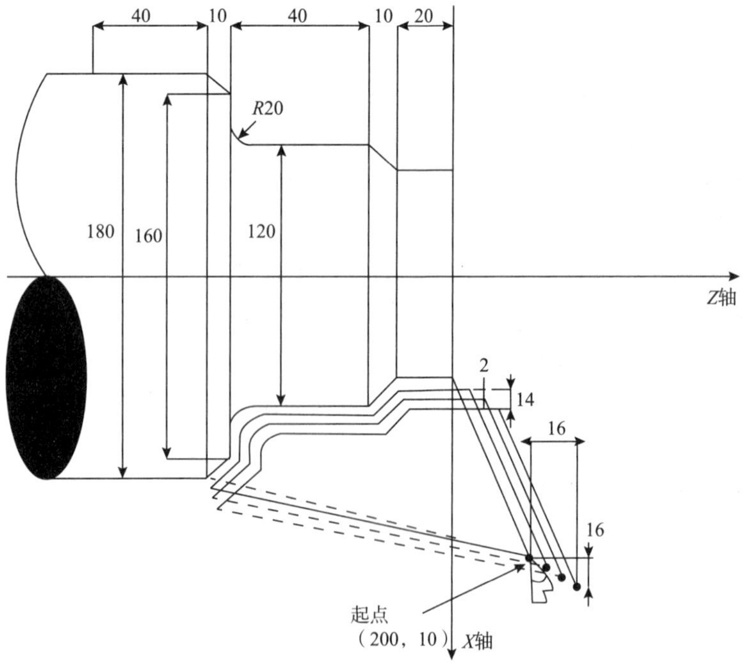

图 6-29　封闭切削循环实例

```
O0006;
G99 G00 X200 Z10 M03 S500;   （指定每转进给，定位起点，启动主轴）
G73 U1.0 W1.0 R3 ;            （X 轴退刀 2mm，Z 轴退刀 1mm）
G73 P14 Q19 U0.5 W0.3 F0.3;  （粗车，X 轴留 0.5mm，Z 轴留 0.3mm 精车余量）
N14 G00 X80 Z0 ;
G01 W-20 F0.15 S600 ;
X120 W-10 ;                   （精加工形状程序段）
W-20 ;
G02 X160 W-20 R20 ;
N19 G01 X180 W-10 ;
G70 P14 Q19 ;                 （精加工）
M30;
```

6.8.4　精加工循环 G70

指令格式：G70 P(ns) Q(nf)；

指令功能：刀具从起点位置沿着 ns～nf 程序段给出的工件精加工轨迹进行精加工。在 G71、G72 或 G73 进行粗加工后，用 G70 指令进行精车，单次完成精加工余量的切削。G70 循环结束时，刀具返回到起点并执行 G70 程序段后的下一个程序段。

ns：精车轨迹的第一个程序段的程序段号；

nf：精车轨迹的最后一个程序段的程序段号；

G70 指令轨迹由 ns ~ nf 之间程序段的编程轨迹决定。

ns、nf 在 G70 ~ G73 程序段中的相对位置关系如下：

....

G71/G72/G73 ……；

N (ns) ....

· F (精加工路线程序段群)

· S

·

N(nf)……；

G70 P(ns)Q(nf)；

...

指令说明：

(1)G70 必须在 ns ~ nf 程序段后编写。如果在 ns ~ nf 程序段前编写，系统自动搜索到 ns ~ nf 程序段并执行，执行完成后，按顺序执行 nf 程序段的下一程序，因此会引起重复执行 ns ~ nf 程序段。

(2)执行 G70 精加工循环时，ns ~ nf 程序段中的 F、S、T 指令有效。

(3)G96、G97、G98、G99、G40、G41、G42 指令在执行 G70 精加工循环时有效。

(4)在 G70 指令执行过程中，可以停止自动运行并手动移动，但要再次执行 G70 循环时，必须返回到手动移动前的位置。如果不返回就继续执行，后面的运行轨迹将错位。

(5)执行进给保持、单程序段的操作，在运行完当前轨迹的终点后程序暂停。

(6)在录入方式中不能执行 G70 指令，否则产生报警。

(7)在同一程序中需要多次使用复合循环指令时，ns ~ nf 不允许有相同程序段号。

6.8.5 轴向切槽多重循环 G74

指令格式：G74 R(e)；

G74 X(U) Z(W) P(Δi) Q(Δk) R(Δd) F ；

指令意义：径向(X 轴)进刀循环复合轴向断续切削循环：从起点轴向(Z 轴)进给、回退、再进给，直至切削到与切削终点 Z 轴坐标相同的位置，然后径向退刀、轴向回退至与起点 Z 轴坐标相同的位置，完成一次轴向切削循环；径向再次进刀后，进行下一次轴向切削循环；切削到切削终点后，返回起点(G74 的起点和终点相同)，轴向切槽复合循环完成。G74 的径向进刀和轴向进刀方向由切削终点 X(U)、Z(W)与起点的相对位置决定，此指令用于在工件端面加工环形槽或中心深孔，轴向断续切削起到断屑和及时排屑的作用。

相关定义：

轴向切削循环起点：每次轴向切削循环开始轴向进刀的位置，表示为 A_n(n = 1，2，

3……)，A_n 的 Z 轴坐标与起点 A 相同，A_n 与 A_{n-1} 的 X 轴坐标的差值为 Δi。第一次轴向切削循环起点 A_1 与起点 A 为同一点，最后一次轴向切削循环起点(表示为 A_f)的 X 轴坐标与切削终点相同。

轴向进刀终点：每次轴向切削循环轴向进刀的终点位置，表示为 B_n($n=1$，2，3……)，B_n 的 Z 轴坐标与切削终点相同，B_n 的 X 轴坐标与 A_n 相同，最后一次轴向进刀终点(表示为 B_f)与切削终点为同一点。

径向退刀终点：每次轴向切削循环到达轴向进刀终点后，径向退刀(退刀量为 Δd)的终点位置，表示为 C_n($n=1$，2，3……)，C_n 的 Z 轴坐标与切削终点相同，C_n 与 A_n 在 X 轴坐标的差值为 Δd。

轴向切削循环终点：从径向退刀终点到轴向退刀的终点位置，表示为 D_n($n=1$，2，3……)，D_n 的 Z 轴坐标与起点相同，D_n 的 X 轴坐标与 C_n 相同(与 A_n 在 X 轴坐标的差值为 Δd)；

切削终点：X(U) Z(W)指定的位置，最后一次轴向进刀终点 B_f。

R(e)：每次轴向(Z 轴)进刀后的轴向退刀量，取值范围 0～99.999(单位：mm)，无符号。R(e)执行后指令值保持有效，并把数据参数 No.056 的值修改为 e×1000(单位：0.001mm)。未输入 R(e)时，以数据参数 No.056 的值作为轴向退刀量。

X：切削终点 B_f 的 X 轴绝对坐标值(单位：mm)；

U：切削终点 B_f 与起点 A 的 X 轴绝对坐标的差值(单位：mm)；

Z：切削终点 B_f 的 Z 轴的绝对坐标值(单位：mm)；

W：切削终点 B_f 与起点 A 的 Z 轴绝对坐标的差值(单位：mm)；

P(Δi)：单次轴向切削循环的径向(X 轴)切削量，取值范围 0＜Δi≤9999999(单位：0.001mm，直径值)，无符号；

Q(Δk)：轴向(Z 轴)切削时，Z 轴断续进刀的进刀量，取值范围 0＜Δk≤9999999(单位：0.001mm)，无符号；

R(Δd)：切削至轴向切削终点后，径向(X 轴)的退刀量，取值范围 0～99.999(单位：mm，直径值)，无符号，省略 R(Δd)时，系统默认轴向切削终点后，径向(X 轴)的退刀量为 0。省略 X(U)和 P(Δi)指令字时，默认往正方向退刀。指令执行过程，如图 6-30 所示。

(1)从轴向切削循环起点 A_n 轴向(Z 轴)切削进给 Δk，切削终点 Z 轴坐标小于起点 Z 轴坐标时，向 Z 轴负向进给，反之则向 Z 轴正向进给；

(2)轴向(Z 轴)快速移动退刀 E，退刀方向与(1)进给方向相反；

(3)如果 Z 轴再次切削进给(Δk+e)，进给终点仍在轴向切削循环起点 A_n 与轴向进刀终点 B_n 之间，GSK980TDa 车床 CNC 轴再次切削进给(Δk+e)，然后执行(2)；如果 Z 轴再次切削进给(Δk+e)后，进给终点到达 B_n 点或不在 A_n 与 B_n 之间，Z 轴切削进给至 B_n 点，然后执行(4)；

(4)径向(X 轴)快速移动退刀 Δd(半径值)至 C_n 点，B_f 点(切削终点)的 X 轴坐标小于

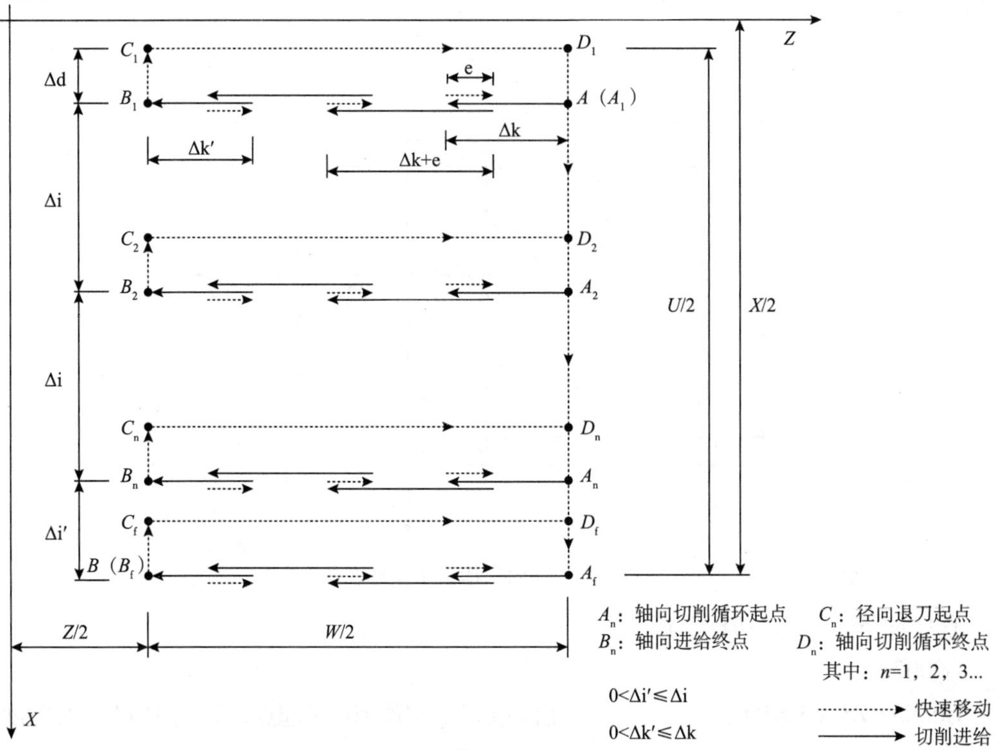

图 6-30　G74 指令执行过程

A 点(起点)X 轴坐标时，向 X 轴正向退刀，反之则向 X 轴负向退刀。

(5)轴向(Z 轴)快速移动退刀至 D_n 点，第 n 次轴向切削循环结束。如果当前不是最后一次轴向切削循环，执行(6)；如果当前是最后一次轴向切削循环，执行(7)；

(6)径向(X 轴)快速移动进刀，进刀方向与(4)退刀方向相反。如果 X 轴进刀(Δd + Δi)(半径值)后，进刀终点仍在 A 点与 A_f 点(最后一次轴向切削循环起点)之间，X 轴快速移动进刀(Δd + Δi)(半径值)，即：$D_n \to A_{n+1}$，然后执行(1)(开始下一次轴向切削循环)；如果 X 轴进刀(Δd + Δi)(半径值)后，进刀终点到达 A_f 点或不在 D_n 与 A_f 点之间，X 轴快速移动至 A_f 点，然后执行(1)，开始最后一次轴向切削循环；

(7)X 轴快速移动返回到起点 A，G74 指令执行结束。

指令说明：

(1)循环动作是由含 Z(W)和 P(Δk)的 G74 程序段进行的，如果仅执行“G74 R(e)；”程序段，循环动作不进行；

(2)Δd 和 e 均用同一地址 R 指定，其区别是按程序段中有无 Z(W)和 P(Δk)指令字；

(3)在 G74 指令执行过程中，可以停止自动运行并手动移动，但要再次执行 G74 循环时，必须返回到手动移动前的位置。如果不返回就继续执行，后面的运行轨迹将错位；

(4)执行进给保持、单程序段的操作，在运行完当前轨迹的终点后程序暂停；

(5)进行盲孔切削时，必须省略 R(Δd)指令字，因在切削至轴向切削终点无退刀距离。

轴向切槽多重循环实例，如图 6-31 所示。

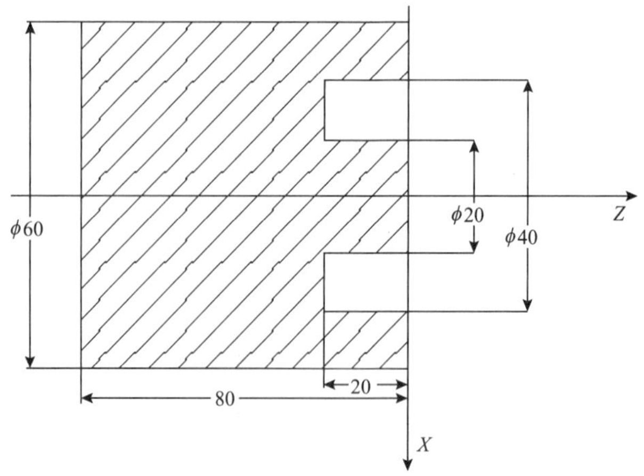

图 6-31　轴向切槽多重循环实例

程序如下：(假设切槽刀宽度为 4mm)：

O0007；

G0 X32 Z5 M3 S500；　　(启动主轴，定位到加工起点，X 方向加上刀具宽度)

G74 R0.5 ；　　(加工循环)

G74 X20 Z-20 P3000 Q5000 F50；　　(Z 轴每次进刀 5mm，退刀 0.5mm，进给到终点 Z-20)

M30；　　(程序结束后，快速返回到起点(Z5)，X 轴进刀 3mm，循环以上步骤继续运行)

6.8.6　径向切槽多重循环 G75

指令格式：G75 R(e)；

G75 X(U)　Z(W) P(Δi)　Q(Δk)　R(Δd) F；

指令意义：

轴向(Z 轴)进刀循环复合径向断续切削循环：从起点径向(X 轴)进给、回退、再进给，直至切削到与切削终点 X 轴坐标相同的位置，然后轴向退刀，径向回退至与起点 X 轴坐标相同的位置，完成一次径向切削循环；轴向再次进刀后，进行下一次径向切削循环；切削到切削终点后，返回起点(G75 的起点和终点相同)，径向切槽复合循环完成。G75 的轴向进刀和径向进刀方向由切削终点 X(U)Z(W)与起点的相对位置决定，其用于加工径向环形槽或圆柱面，径向断续切削起到断屑和及时排屑的作用。

相关定义：

径向切削循环起点：每次径向切削循环开始径向进刀的位置，表示为 A_n($n=1$，2，3，……)，A_n 的 X 轴坐标与起点 A 相同，A_n 与 A_{n-1}的 Z 轴坐标的差值为 Δk。第一次径向切削循环起点 A_1 与起点 A 为同一点，最后一次径向切削循环起点(表示为 A_f)的 Z 轴坐标与切削终点相同。

径向进刀终点：每次径向切削循环径向进刀的终点位置，表示为 B_n（$n=1$，2，3，……），B_n 的 X 轴坐标与切削终点相同，B_n 的 Z 轴坐标与 A_n 相同，最后一次径向进刀终点（表示为 B_f）与切削终点为同一点。

轴向退刀终点：每次径向切削循环到达径向进刀终点后，轴向退刀（退刀量为 Δd）的终点位置，表示为 C_n（$n=1$，2，3，……），C_n 的 X 轴坐标与切削终点相同，C_n 与 A_n 在 Z 轴坐标的差值为 Δd。

径向切削循环终点：从轴向退刀终点到径向退刀的终点位置，表示为 D_n（$n=1$，2，3，……），D_n 的 X 轴坐标与起点相同，D_n 的 Z 轴坐标与 C_n 相同（与 A_n Z 轴坐标的差值为 Δd）；

切削终点：X(U) Z(W)指定的位置，最后一次径向进刀终点 B_f。

(e)：每次径向（X 轴）进刀后的径向退刀量，取值范围 0～99.999（单位：mm），无符号。R(e)执行后指令值保持有效，并把系统参数 No.056 的值修改为 e×1000（单位：0.001mm）。未输入 R(e)时，以系统参数 No.056 的值作为径向退刀量。

X：切削终点 B_f 的 X 轴绝对坐标值（单位：mm）。

U：切削终点 B_f 与起点 A 的 X 轴绝对坐标的差值（单位：mm）。

Z：切削终点 B_f 的 Z 轴的绝对坐标值（单位：mm）。

W：切削终点 B_f 与起点 A 的 Z 轴绝对坐标的差值（单位：mm）。

P(Δi)：径向（X 轴）进刀时，X 轴断续进刀的进刀量，取值范围 $0<\Delta i\leqslant 9999999$（单位：0.001mm，直径值），无符号

Q(Δk)：单次径向切削循环的轴向（Z 轴）进刀量，取值范围 $0<\Delta k\leqslant 9999999$（单位：0.001mm），无符号。

R(Δd)：切削至径向切削终点后，轴向（Z 轴）的退刀量，取值范围 0～99.999（单位：mm），无符号。

省略 R(Δd)时，系统默认径向切削终点后，轴向（Z 轴）的退刀量为 0。

省略 Z(W)和 Q(Δk)，默认往正方向退刀。G75 指令执行过程，如图 6-32 所示。

(1)从径向切削循环起点 A_n 径向（X 轴）切削进给 Δi，切削终点 X 轴坐标小于起点 X 轴坐标时，向 X 轴负向进给，反之则向 X 轴正向进给；

(2)径向（X 轴）快速移动退刀 e，退刀方向与(1)进给方向相反；

(3)如果 X 轴再次切削进给（Δi+e），进给终点仍在径向切削循环起点 A_n 与径向进刀终点 B_n 之间，X 轴再次切削进给（Δi+e），然后执行(2)；如果 X 轴再次切削进给（Δi+e)后，进给终点到达 B_n 点或不在 A_n 与 B_n 之间，X 轴切削进给至 B_n 点，然后执行(4)；

(4)轴向（Z 轴）快速移动退刀 Δd 至 C_n 点，B_f 点（切削终点）的 Z 轴坐标小于 A 点（起点）Z 轴坐标时，向 Z 轴正向退刀，反之则向 Z 轴负向退刀；

(5)径向（X 轴）快速移动退刀至 D_n 点，第 N 次径向切削循环结束。如果当前不是最后一次径向切削循环，执行(6)；如果当前是最后一次径向切削循环，执行(7)；

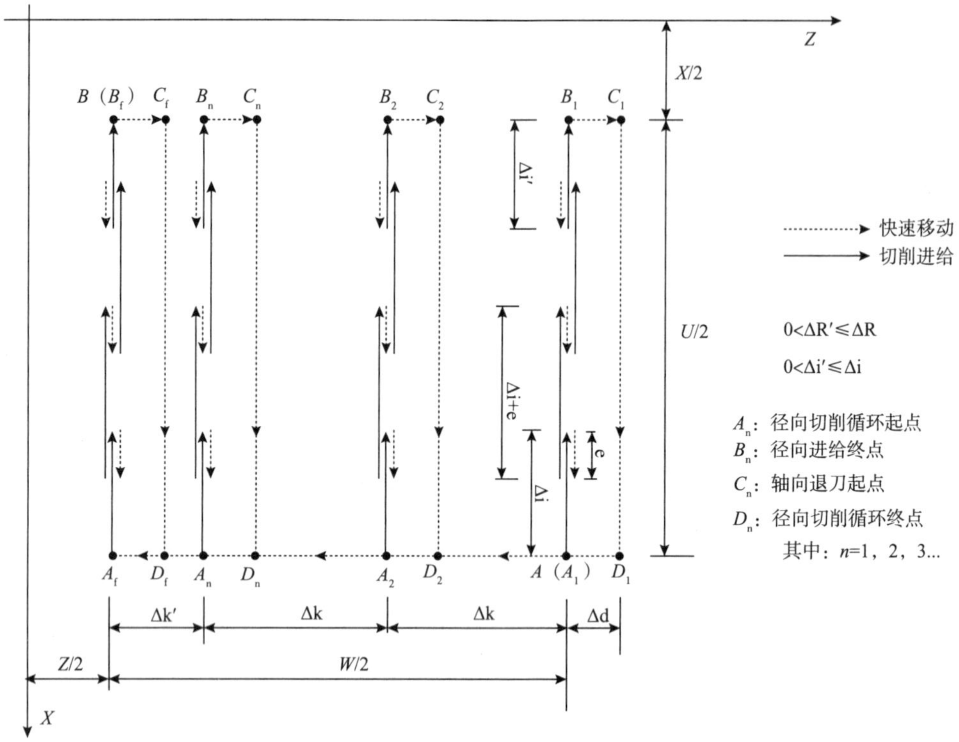

图 6-32　G75 指令执行过程

(6)轴向(Z 轴)快速移动进刀，进刀方向与(4)退刀方向相反。如果 Z 轴进刀($\Delta d+\Delta k$)后，进刀终点仍在 A 点与 A_f 点(最后一次径向切削循环起点)之间，Z 轴快速移动进刀($\Delta d+\Delta k$)即：$D_n \to A_{n+1}$，然后执行(1)(开始下一次径向切削循环)；如果 Z 轴进刀($\Delta d+\Delta k$)后，进刀终点到达 A_f 点或不在 D_n 与 A_f 点之间，Z 轴快速移动至 A_f 点，然后执行(1)，开始最后一次径向切削循环；

(7)Z 轴快速移动返回到起点 A，G75 指令执行结束。

指令说明：

(1)循环动作是由含 X(U)和 P(Δi)的 G75 程序段进行的，如果仅执行“G75 R(e)；”程序段，循环动作不进行；

(2)Δd 和 e 均用同一地址 R 指定，区别是根据程序段中有无 X(U)和 P(Δi)指令字；

(3)在 G75 指令执行过程中，可使自动运行停止并手动移动，但要再次执行 G75 循环时，必须返回到手动移动前的位置。如果不返回就再次执行，后面的运行轨迹将错位；

(4)执行进给保持、单程序段的操作，在运行完当前轨迹的终点后程序暂停。

(5)进行切槽循环时，必须省略 R(Δd)指令字，因在切削至径向切削终点无退刀距离。

径向切槽多重循环实例，如图 6-33 所示。

程序如下：(假设切槽刀的宽度为 4mm)：

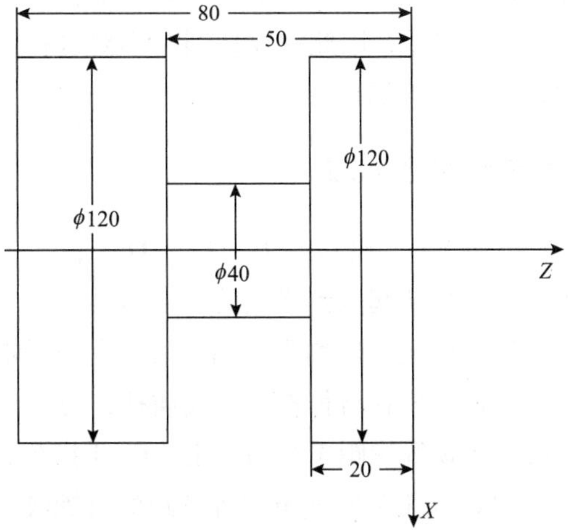

图 6-33 径向切槽多重循环实例

O0008;	
G00 X150 Z50 M3 S500;	(启动主轴，置转速 500)
G0 X125 Z-24;	(定位到加工起点，Z 方向加上刀具宽度)
G75 R0.5 F150;	(加工循环)
G75 X40 Z-50 P6000 Q3000;	(X 轴每次进刀 6mm，退刀 0.5mm，进给到终点后，快速返回到起点，Z 轴进刀 3mm，循环以上步骤继续运行)
G0 X150 Z50; M30;	(返回到加工起点，程序结束)

6.9 螺纹切削指令

GSK980TDa 具有多种螺纹切削功能，可加工英制/公制的单头、多头、变螺距螺纹与攻牙循环，螺纹退尾长度和角度可变，多重循环螺纹切削可单边切削，保护刀具，提高表面光洁度。螺纹功能包括：连续螺纹切削指令 G32、变螺距螺纹切削指令 G34、攻牙循环切削指令 G33、螺纹循环切削指令 G92、螺纹多重循环切削指令 G76。

使用螺纹切削功能机床必须安装主轴编码器，由 No. 070 号参数设置主轴编码器线数，No. 110、No. 111 号参数设置主轴与编码器的传动比。切削螺纹时，系统收到主轴编码器一转信号才移动 X 轴或 Z 轴、开始螺纹加工，因此只要不改变主轴转速，可以分粗车、精车多次切削完成同一螺纹的加工。

GSK980TDa 具有的多种螺纹切削功能可用于加工没有退刀槽的螺纹，但由于在螺纹切削的开始及结束部分 X 轴、Z 轴有加减速过程，此时的螺距误差较大，因此仍需要在实际的螺纹起点与结束时留出螺纹引入长度与退刀的距离。

在螺纹螺距确定的条件下，螺纹切削时 X 轴和 Z 轴的移动速度由主轴转速决定，与切削进给速度倍率无关。螺纹切削时主轴倍率控制有效，主轴转速发生变化时，由于 *X* 轴和 *Z* 轴加减速的原因会使螺距产生误差，因此螺纹切削时不要进行主轴转速调整，更不要停止主轴，主轴停止将导致刀具和工件损坏。

6.9.1 等螺距螺纹切削指令 G32

指令格式：G32 X(U)__ Z(W)__ F(I)__ J __ K __ Q __;

指令功能：刀具的运动轨迹是从起点到终点的一条直线，如图 6-34 所示。从起点到终点位移量(*X* 轴按半径值)较大的坐标轴称为长轴，另一个坐标轴称为短轴，运动过程中主轴每转一圈长轴移动一个导程，短轴与长轴作直线插补，刀具切削工件时，在工件表面形成一条等螺距的螺旋切槽，实现等螺距螺纹的加工。F、I 指令分别用于给定公制和英制螺纹的螺距，执行 G32 指令可以加工公制或英制等螺距的直螺纹、锥螺纹、端面螺纹和连续的多段螺纹加工。

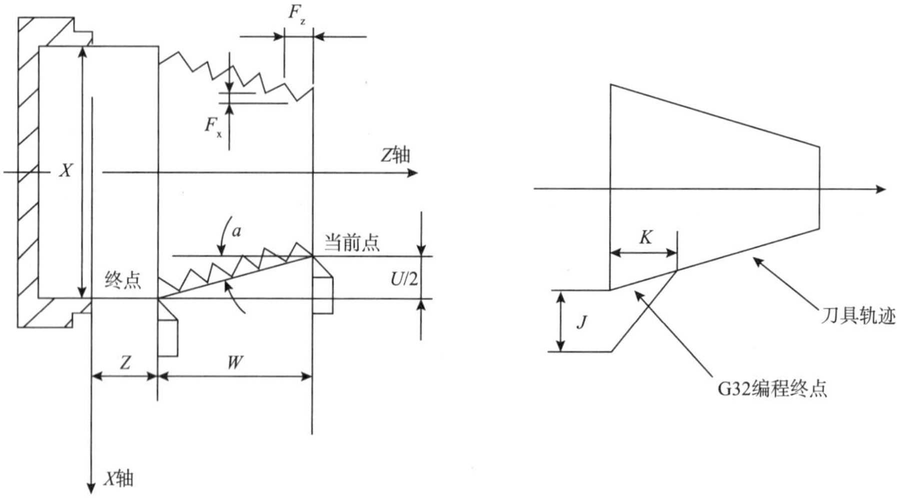

图 6-34　G32 轨迹图

指令说明：

(1)G32 为模态 G 指令；

(2)螺纹的螺距是指主轴转一圈长轴的位移量(*X* 轴位移量则按半径值)；

(3)起点和终点的 *X* 坐标值相同(不输入 X 或 U)时，进行直螺纹切削；

(4)起点和终点的 *Z* 坐标值相同(不输入 Z 或 W)时，进行端面螺纹切削；

(5)起点和终点 *X*、*Z* 坐标值都不相同时，进行锥螺纹切削。

(6)F：公制螺纹螺距，为主轴转一圈长轴的移动量，取值范围 $0 < F \leq 500$mm，F 指令值执行后保持有效，直至再次执行给定螺纹螺距的 F 指令字。

(7)I：每英寸螺纹的牙数，为长轴方向 1in(25.4mm)长度上螺纹的牙数，也可理解为长轴移动 1in(25.4mm)时主轴旋转的圈数。取值范围 0.06 ~ 25400 牙/in，I 指令值执行后保持有效，直至再次执行给定螺纹螺距的 I 指令。

(8)J：螺纹退尾时在短轴方向的移动量(退尾量)，取值范围 -9999.999~9999.999(单位：mm)，带正负方向；如果短轴是 X 轴，该值为半径指定；J 值是模态参数。

(9)K：螺纹退尾时在长轴方向的长度。取值范围 0~9999.999(单位：mm)，如果长轴是 X 轴，则该值为半径指定，不带方向，K 值是模态参数。

(10)Q：起始角，指主轴一转信号与螺纹切削起点的偏移角度。取值范围 0~360000(单位：0.001°)。Q 值是非模态参数，每次使用都必须指定，如果不指定就认为是 0°。

Q 使用规则：

(1)如果不指定 Q，即默认为起始角 0°；

(2)对于连续螺纹切削，除第一段的 Q 有效外，后面螺纹切削段指定的 Q 无效，即使定义了 Q 也被忽略；

(3)由起始角定义分度形成的多头螺纹总头数不超过 65535 头。

(4)Q 的单位为 0.001°，若主轴旋转 180°，程序中需输入 Q180000，如果输入的为 Q180 或 Q180.0，均认为是 0.18°。

G32 轨迹图如图 6-34 所示。

长轴和短轴的判断方法，如图 6-35 所示。

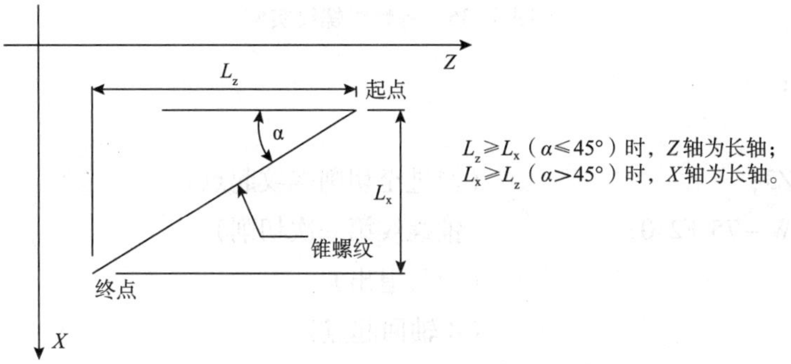

图 6-35 长轴和短轴的判断方法

注意事项：

(1)J、K 是模态指令，连续螺纹切削时下一程序段省略 J、K 时，按前面的 J、K 值进行退尾，在执行非螺纹切削指令时取消 J、K 模态；

(2)省略 J 或 J、K 时，无退尾；省略 K 时，按 K=J 退尾；

(3)J=0 或 J=0、K=0 时，无退尾；

(4)J≠0，K=0 时，按 J=K 退尾；

(5)J=0，K≠0 时，无退尾；

(6)当前程序段为螺纹切削，下一程序段也为螺纹切削，在下一程序段切削开始时不检测主轴位置编码器的一转信号，直接开始螺纹加工，此功能可实现连续螺纹加工。

(7)执行进给保持操作后，系统显示“暂停”，螺纹切削不停止，直到当前程序段执行完才停止运动；如为连续螺纹加工则执行完螺纹切削程序段才停止运动，程序运行暂停。

(8)在单段运行，执行完当前程序段停止运动，如为连续螺纹加工则执行完螺纹切削程序段才停止运动。

(9)系统复位、急停或驱动报警时，螺纹切削减速停止。

等螺距螺纹实例，如图6-36所示。螺纹螺距2mm，$\delta_1=3$mm，$\delta_2=2$mm，总切深2mm，分两次切入。

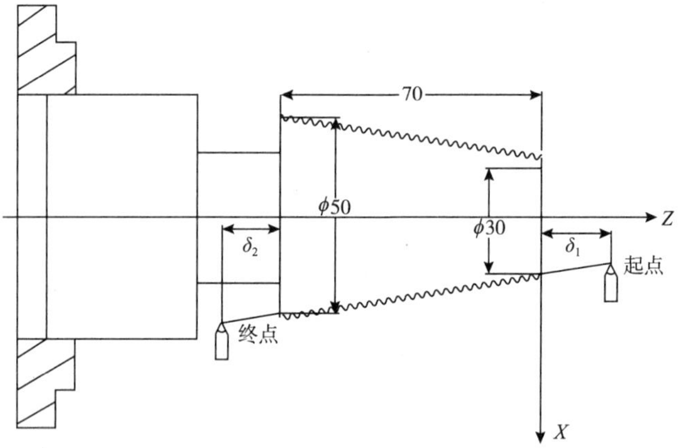

图6-36　等螺距螺纹实例

程序如下：

O0009；

G00 X28 Z3；	(快进至切削螺纹起点)
G32 X51 W-75 F2.0；	(锥螺纹第一次切削)
G00 X55；	(刀具退出)
W75；	(*Z*轴回起点)
X27；	(第二次再进刀0.5mm)
G32 X50 W-75 F2.0；	(锥螺纹第二次切削)
G00 X55；	(刀具退出)
W75 ；	(*Z*轴回起点)
M30；	

6.9.2　螺纹切削循环G92

指令格式：G92 X(U)__ Z(W)__ F__ J__ K__ L__；　　(公制直螺纹切削循环)

G92 X(U)__ Z(W)__ I__ J__ K__ L__；　　(英制直螺纹切削循环)

G92 X(U)__ Z(W)__ R__ F__ J__ K__ L__；　　(公制锥螺纹切削循环)

G92 X(U)__ Z(W)__ R__ I__ J__ K__ L__；　　(英制锥螺纹切削循环)

指令功能：从切削起点开始，进行径向(*X*轴)进刀、轴向(*Z*轴或*X*、*Z*轴同时)切削，实现等螺距的直螺纹、锥螺纹切削循环。执行G92指令，在螺纹加工末端有螺纹退尾过程。在距离螺纹切削终点固定长度(称为螺纹的退尾长度)处，在 *Z* 轴继续进行螺纹插补的同时，*X* 轴沿退刀方向指数或线性(由参数设置)加速退出，*Z* 轴到达切削终点后，*X* 轴再以快速移动速度退刀。直螺纹切削循环如图 6-37 所示。

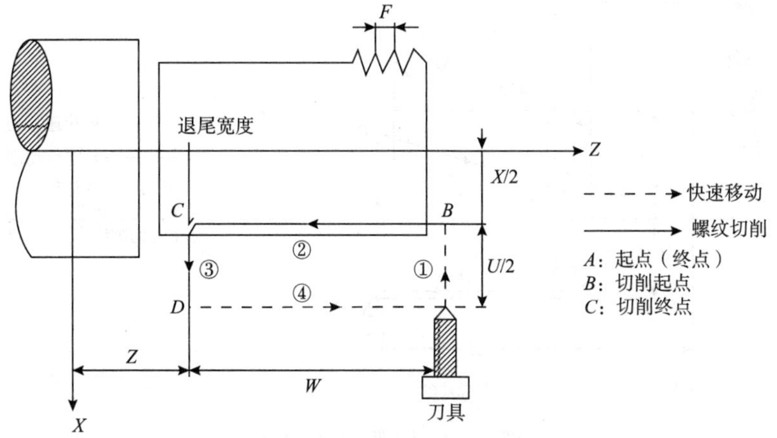

图 6-37　直螺纹切削循环

指令说明：G92 为模态 G 指令；

(1)切削起点：螺纹插补的起始位置；切削终点：螺纹插补的结束位置；

(2)X：切削终点 *X* 轴绝对坐标，单位：mm；

(3)U：切削终点与起点 *X* 轴绝对坐标的差值，单位：mm；

(4)Z：切削终点 *Z* 轴绝对坐标，单位：mm；

(5)W：切削终点与起点 *Z* 轴绝对坐标的差值，单位：mm；

(6)R：切削起点与切削终点 *X* 轴绝对坐标的差值(半径值)，当 R 与 U 的符号不一致时，要求 $|R| \leq |U/2|$，单位：mm；

(7)F：公制螺纹螺距，取值范围 $0 < F \leq 500$mm，F 指令值执行后保持，可省略输入；

(8)I：英制螺纹每英寸牙数，取值范围 0.06 ~ 25400 牙/in，I 指令值执行后保持，可省略输入；

(9)J：螺纹退尾时在短轴方向的移动量，取值范围 0 ~ 9999.999(单位：mm)，不带方向(根据程序起点位置自动确定退尾方向)，模态参数，如果短轴是 *X* 轴，该值为半径指定；

(10)K：螺纹退尾时在长轴方向的长度，取值范围 0 ~ 9999.999(单位：mm)。不带方向，模态参数，如果长轴是 *X* 轴，该值为半径指定；

(11)L：多头螺纹头数，该值的范围是：1 ~ 99，模态参数(省略 L 时默认为单头螺纹)。

G92 指令可以分多次进刀完成一个螺纹的加工，但不能实现 2 个连续螺纹的加工，也不能加工端面螺纹。G92 指令螺纹螺距的定义与 G32 一致，螺距是指主轴转一圈长轴的位移量(*X* 轴位移量按半径值)。

锥螺纹的螺距是指主轴转一圈长轴的位移量(X 轴位移量按半径值)，B 点与 C 点 Z 轴坐标差的绝对值大于 X 轴(半径值)坐标差的绝对值时，Z 轴为长轴；反之，X 轴为长轴。锥度螺纹切削循环，如图 6-38 所示。

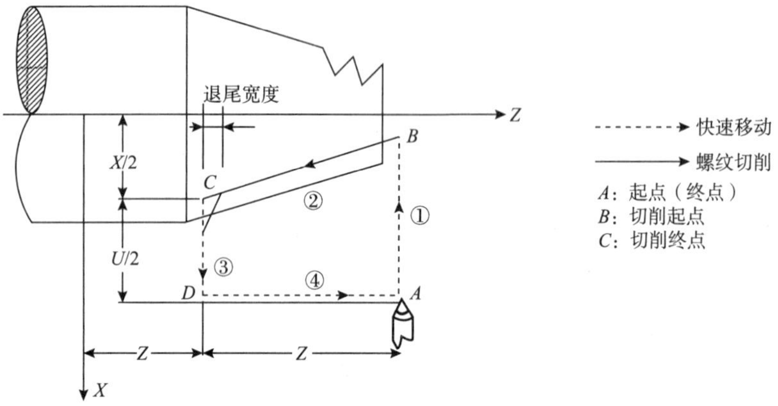

图 6-38 锥螺纹切削循环

循环过程：

(1)X 轴从起点快速移动到切削起点；

(2)从切削起点螺纹插补到切削终点；

(3)X 轴以快速移动速度退刀[与(1)方向相反]，返回到 X 轴绝对坐标与起点相同处；

(4)Z 轴快速移动返回到起点，循环结束。

注意事项：

(1)省略 J、K 时，按 No. 19 号参数设定值退尾；

(2)省略 J 时，长轴方向按 K 退尾，短轴方向按 No. 19 号参数设定值退尾；

(3)省略 K 时，按 J = K 退尾；

(4)J = 0 或 J = 0、K = 0 时，无退尾；

(5)J≠0，K = 0 时，按 J = K 退尾；

(6)J = 0，K≠0 时，无退尾；

(7)螺纹切削过程中执行进给保持操作后，系统仍进行螺纹切削，螺纹切削完毕，显示“暂停”，程序运行暂停；

(8)螺纹切削过程中执行单程序段操作后，在返回起点后(一次螺纹切削循环动作完成)运行停止；

(9)J、K 输入负值时，按正值处理；

(10)系统复位、急停或驱动报警时，螺纹切削减速停止。

指令轨迹：U、W、R 反映螺纹切削终点与起点的相对位置，U、W、R 在符号不同时组合的刀具轨迹与退尾方向如图 6-39 所示。螺纹切削循环实例，如图 6-40 所示。

程序如下：

O0012；

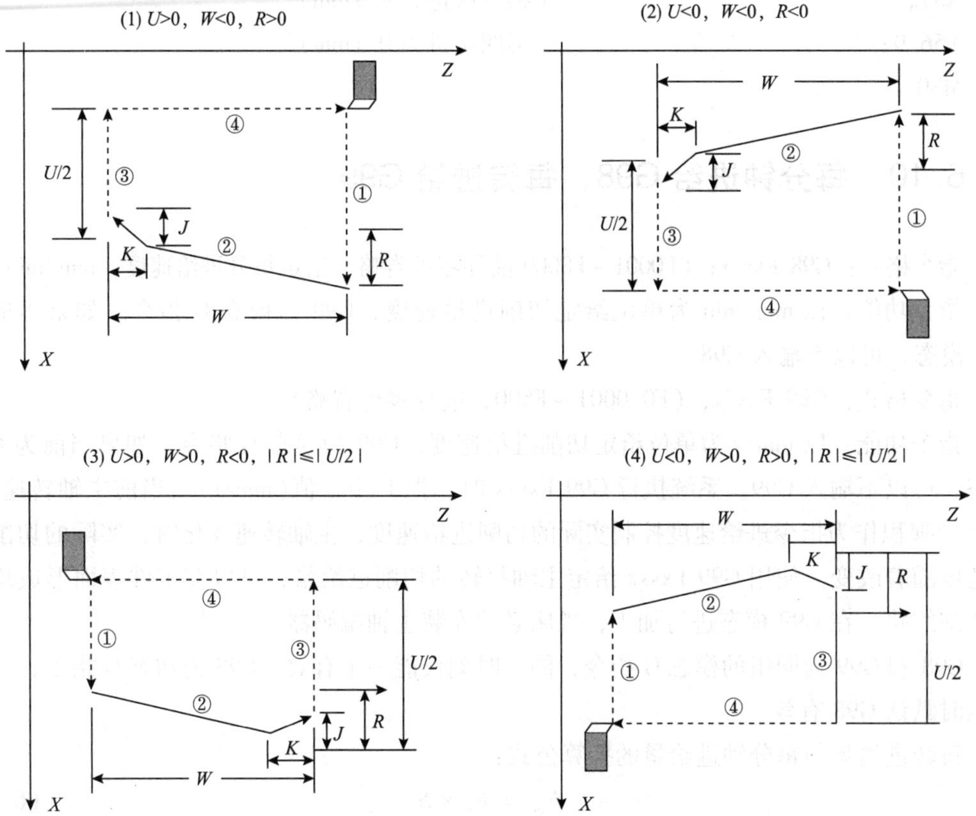

图 6-39　U、W、R 在符号不同时组合的刀具轨迹与退尾方向

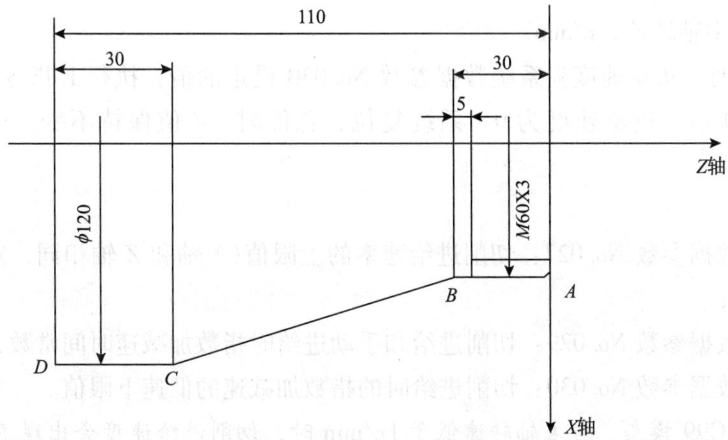

图 6-40　螺纹切削循环实例

```
M3 S300 G0 X150 Z50 T0101;        (螺纹刀)
G0 X65 Z5;                        (快速定位)
G92 X58.7 Z-28 F3 J3 K1;          (加工螺纹，分 4 刀切削，第一次进刀 1.3mm)
X57.7 ;                           (第二次进刀 1mm)
```

X57;　　　　　　　　（第三次进刀 0.7mm）
X56.9;　　　　　　　（第四次进刀 0.1mm）
M30;

6.10　每分钟进给 G98、每转进给 G99

指令格式：G98 Fxxxx；（F0001～F8000 前导零可省略，给定每分进给速度，mm/min）

指令功能：以 mm/min 为单位给定切削进给速度，G98 为模态 G 指令。如果当前为 G98 模态，可以不输入 G98。

指令格式：G99 Fxxxx；（F0.0001～F500，前导零可省略）

指令功能：以 mm/r 为单位给定切削进给速度，G99 为模态 G 指令。如果当前为 G99 模态，可以不输入 G99。系统执行 G99 Fxxxx 时，把 F 指令值（mm/r）与当前主轴转速（r/min）的乘积作为指令进给速度控制实际的切削进给速度，主轴转速变化时，实际的切削进给速度随着改变。使用 G99 Fxxxx 给定主轴每转的切削进给量，可以在工件表面形成均匀的切削纹路。在 G99 模态进行加工，机床必须安装主轴编码器。

G98 和 G99 为同组的模态 G 指令，同一时刻仅能一个有效。G98 为初态 G 指令，系统上电时默认 G98 有效。

每转进给量与每分钟进给量的换算公式：

$$F_m = F_r \times S \tag{6-2}$$

式中　F_m——每分钟的进给量，mm/min；

F_r——每转进给量，mm/r；

S——主轴转速，r/min。

系统上电时，进给速度为系统数据参数 No.030 设定的值，执行 F 指令后，F 值保持不变。执行 F0 后，进给速度为 0。系统复位、急停时，F 值保持不变。进给倍率掉电记忆。

相关参数：

（1）系统数据参数 No.027：切削进给速率的上限值（X 轴和 Z 轴相同，对于 X 轴为直径变化/分钟）；

（2）系统数据参数 No.029：切削进给和手动进给时指数加减速时间常数；

（3）系统数据参数 No.030：切削进给时的指数加减速的低速下限值。

注意：在 G99 模态，当主轴转速低于 1r/min 时，切削进给速度会出现不均匀的现象；主轴转速出现波动时，实际的切削进给速度会存在跟随误差。为了保证加工质量，建议加工时选择的主轴转速不能低于主轴伺服或变频器输出有效力矩的最低转速。

参考文献

[1] 毕成恩. 现代数控机床[M]. 北京：机械工业出版社，2008.
[2] 薛彦成. 数控原理及编程[M]. 北京：机械工业出版社，2008.
[3] 孙竹. 数控机床编程与操作[M]. 北京：机械工业出版社，2007.
[4] 方沂. 数控机床编程与操作[M]. 北京：国防工业出版社，2013.
[5] 王爱玲. 现代数控原理及控制系统[M]. 北京：国防工业出版社，2012.
[6] 王爱玲. 现代数控机床实用操作技术[M]. 北京：国防工业出版社，2014.
[7] 周济，周艳红. 数控加工技术[M]. 北京：国防工业出版社，2010.
[8] 谬效果. 数控技术[M]. 武汉：湖北科学技术出版社，2011.
[9] 于春生. 数控机床编程及应用[M]. 北京：高等教育出版社，2007.
[10] 胡友树. 数控车床编程、操作及实训[M]. 合肥：合肥工业大学出版社，2013.
[11] 黄道业. 数控铣床编程、操作及实训[M]. 合肥：合肥工业大学出版社，2012.
[12] 郑盛新. 数控机床与编程加工习题集[M]. 合肥：合肥工业大学出版社，2009.